全国普通高等医学院校药学类专业"十三五"规划教材配套教材

U0746014

仪器分析实验指导

（供药学类专业用）

主　编　余邦良

副主编　付钰洁　宋玉光

编　者（以姓氏笔画为序）

付钰洁（重庆理工大学药学与生物工程学院）

巩丽虹（牡丹江医学院）　　　吕玉光（佳木斯大学药学院）

何　丹（重庆医科大学）　　　余邦良（海南医学院）

宋玉光（天津医科大学）　　　周锡兰（西南医科大学）

崔　艳（沈阳药科大学）　　　曾　艳（川北医学院）

中国医药科技出版社

内容提要

本教材是全国普通高等医学院校药学类专业"十三五"规划教材《仪器分析》的配套实验教材。共分为四章，第一章介绍仪器分析实验须知；第二章介绍仪器分析实验常用仪器，包括天平、各种电化学仪器、各类型色谱仪和光谱仪等；第三章是仪器分析基础实验，实验内容涵盖电化学实验、色谱学实验、光谱学实验、差热分析实验、液质联用实验等；第四章是综合性设计性实验。基础性实验27个，综合性设计性实验12个，实验项目较多，各院校可根据教学实际需要灵活选用。本教材可供全国普通高等医学院校药学类专业、医学检验专业、公共卫生专业等学生使用，也可以作为广大医药科技工作者的参考书。

图书在版编目（CIP）数据

仪器分析实验指导／余邦良主编．—北京：中国医药科技出版社，2016.2

全国普通高等医学院校药学类专业"十三五"规划教材配套教材

ISBN 978 – 7 – 5067 – 7932 – 6

Ⅰ．①仪…　Ⅱ．①余…　Ⅲ．①仪器分析—实验—高等学校—教学参考资料

Ⅳ．①O657 – 33

中国版本图书馆 CIP 数据核字（2016）第 031940 号

美术编辑　陈君杞

版式设计　郭小平

出版　中国医药科技出版社

地址　北京市海淀区文慧园北路甲 22 号

邮编　100082

电话　发行：010 – 62227427　邮购：010 – 62236938

网址　www. cmstp. com

规格　787 × 1092mm $^{1}/_{16}$

印张　8 $^{1}/_{4}$

字数　181 千字

版次　2016 年 2 月第 1 版

印次　2021 年 7 月第 3 次印刷

印刷　三河市百盛印装有限公司

经销　全国各地新华书店

书号　ISBN 978 – 7 – 5067 – 7932 – 6

定价　19. 00 元

全国普通高等医学院校药学类专业"十三五"规划教材
出 版 说 明

全国普通高等医学院校药学类专业"十三五"规划教材，是在深入贯彻教育部有关教育教学改革和我国医药卫生体制改革新精神，进一步落实《国家中长期教育改革和发展规划纲要》（2010－2020 年）的形势下，结合教育部的专业培养目标和全国医学院校培养应用型、创新型药学专门人才的教学实际，在教育部、国家卫生和计划生育委员会、国家食品药品监督管理总局的支持下，由中国医药科技出版社组织全国近100 所高等医学院校约400 位具有丰富教学经验和较高学术水平的专家教授悉心编撰而成。本套教材的编写，注重理论知识与实践应用相结合、药学与医学知识相结合，强化培养学生的实践能力和创新能力，满足行业发展的需要。

本套教材主要特点如下：

1. 强化理论与实践相结合，满足培养应用型人才需求

针对培养医药卫生行业应用型药学人才的需求，本套教材克服以往教材重理论轻实践、重化工轻医学的不足，在介绍理论知识的同时，注重引入与药品生产、质检、使用、流通等相关的"实例分析/案例解析"内容，以培养学生理论联系实际的应用能力和分析问题、解决问题的能力，并做到理论知识深入浅出、难度适宜。

2. 切合医学院校教学实际，突显教材内容的针对性和适应性

本套教材的编者分别来自全国近100 所高等医学院校教学、科研、医疗一线实践经验丰富、学术水平较高的专家教授，在编写教材过程中，编者们始终坚持从全国各医学院校药学教学和人才培养需求以及药学专业就业岗位的实际要求出发，从而保证教材内容具有较强的针对性、适应性和权威性。

3. 紧跟学科发展、适应行业规范要求，具有先进性和行业特色

教材内容既紧跟学科发展，及时吸收新知识，又体现国家药品标准 [《中国药典》（2015年版）]、药品管理相关法律法规及行业规范和2015 年版《国家执业药师资格考试》（《大纲》、《指南》）的要求，同时做到专业课程教材内容与就业岗位的知识和能力要求相对接，满足药学教育教学适应医药卫生事业发展要求。

4. 创新编写模式，提升学习能力

在遵循"三基、五性、三特定"教材建设规律的基础上，在必设"实例分析/案例解析"

模块的同时，还引入"学习导引""知识链接""知识拓展""练习题"（"思考题"）等编写模块，以增强教材内容的指导性、可读性和趣味性，培养学生学习的自觉性和主动性，提升学生学习能力。

5. 搭建在线学习平台，丰富教学资源、促进信息化教学

本套教材在编写出版纸质教材的同时，均免费为师生搭建与纸质教材相配套的"爱慕课"在线学习平台（含数字教材、教学课件、图片、视频、动画及练习题等），使教学资源更加丰富和多样化、立体化，更好地满足在线教学信息发布、师生答疑互动及学生在线测试等教学需求，提升教学管理水平，促进学生自主学习，为提高教育教学水平和质量提供支撑。

本套教材共计29门理论课程的主干教材和9门配套的实验指导教材，将于2016年1月由中国医药科技出版社出版发行。主要供全国普通高等医学院校药学类专业教学使用，也可供医药行业从业人员学习参考。

编写出版本套高质量的教材，得到了全国知名药学专家的精心指导，以及各有关院校领导和编者的大力支持，在此一并表示衷心感谢。希望本套教材的出版，将会受到广大师生的欢迎，对促进我国普通高等医学院校药学类专业教育教学改革和药学类专业人才培养作出积极贡献。希望广大师生在教学中积极使用本套教材，并提出宝贵意见，以便修订完善，共同打造精品教材。

中国医药科技出版社
2016 年 1 月

全国普通高等医学院校药学类专业"十三五"规划教材

书 目

序号	教材名称	主编	ISBN
1	高等数学	艾国平　李宗学	978 – 7 – 5067 – 7894 – 7
2	物理学	章新友　白翠珍	978 – 7 – 5067 – 7902 – 9
3	物理化学	高　静　马丽英	978 – 7 – 5067 – 7903 – 6
4	无机化学	刘　君　张爱平	978 – 7 – 5067 – 7904 – 3
5	分析化学	高金波　吴　红	978 – 7 – 5067 – 7905 – 0
6	仪器分析	吕玉光	978 – 7 – 5067 – 7890 – 9
7	有机化学	赵正保　项光亚	978 – 7 – 5067 – 7906 – 7
8	人体解剖生理学	李富德　梅仁彪	978 – 7 – 5067 – 7895 – 4
9	微生物学与免疫学	张雄鹰	978 – 7 – 5067 – 7897 – 8
10	临床医学概论	高明奇　尹忠诚	978 – 7 – 5067 – 7898 – 5
11	生物化学	杨　红　郑晓珂	978 – 7 – 5067 – 7899 – 2
12	药理学	魏敏杰　周　红	978 – 7 – 5067 – 7900 – 5
13	临床药物治疗学	曹　霞　陈美娟	978 – 7 – 5067 – 7901 – 8
14	临床药理学	印晓星　张庆柱	978 – 7 – 5067 – 7889 – 3
15	药物毒理学	宋丽华	978 – 7 – 5067 – 7891 – 6
16	天然药物化学	阮汉利　张　宇	978 – 7 – 5067 – 7908 – 1
17	药物化学	孟繁浩　李柱来	978 – 7 – 5067 – 7907 – 4
18	药物分析	张振秋　马　宁	978 – 7 – 5067 – 7896 – 1
19	药用植物学	董诚明　王丽红	978 – 7 – 5067 – 7860 – 2
20	生药学	张东方　税丕先	978 – 7 – 5067 – 7861 – 9
21	药剂学	孟胜男　胡容峰	978 – 7 – 5067 – 7881 – 7
22	生物药剂学与药物动力学	张淑秋　王建新	978 – 7 – 5067 – 7882 – 4
23	药物制剂设备	王　沛	978 – 7 – 5067 – 7893 – 0
24	中医药学概要	周　晔　张金莲	978 – 7 – 5067 – 7883 – 1
25	药事管理学	田　侃　吕雄文	978 – 7 – 5067 – 7884 – 8
26	药物设计学	姜凤超	978 – 7 – 5067 – 7885 – 5
27	生物技术制药	冯美卿	978 – 7 – 5067 – 7886 – 2
28	波谱解析技术的应用	冯卫生	978 – 7 – 5067 – 7887 – 9
29	药学服务实务	许杜娟	978 – 7 – 5067 – 7888 – 6

注：29 门主干教材均配套有中国医药科技出版社"爱慕课"在线学习平台。

全国普通高等医学院校药学类专业"十三五"规划教材
配套教材书目

序号	教材名称	主编	ISBN
1	物理化学实验指导	高 静　马丽英	978 – 7 – 5067 – 8006 – 3
2	分析化学实验指导	高金波　吴 红	978 – 7 – 5067 – 7933 – 3
3	生物化学实验指导	杨 红	978 – 7 – 5067 – 7929 – 6
4	药理学实验指导	周 红　魏敏杰	978 – 7 – 5067 – 7931 – 9
5	药物化学实验指导	李柱来　孟繁浩	978 – 7 – 5067 – 7928 – 9
6	药物分析实验指导	张振秋　马 宁	978 – 7 – 5067 – 7927 – 2
7	仪器分析实验指导	余邦良	978 – 7 – 5067 – 7932 – 6
8	生药学实验指导	张东方　税丕先	978 – 7 – 5067 – 7930 – 2
9	药剂学实验指导	孟胜男　胡容峰	978 – 7 – 5067 – 7934 – 0

前 言
PREFACE

　　本教材是全国普通高等医学院校药学类专业"十三五"规划教材《仪器分析》的配套实验教材，重点介绍与仪器分析相关的实验知识和操作技能等。全书分为四章，第一章介绍仪器分析实验须知，包括仪器分析实验的规章制度、基本要求、实验数据的记录与处理、实验室的安全措施、实验突发紧急情况处理、易燃易爆化学药品的保存和使用等内容；第二章介绍仪器分析实验常用仪器，包括常用的玻璃仪器、天平、酸度计、自动电位滴定仪、永停滴定仪、毛细管电泳仪、气相色谱仪、高效液相色谱仪、紫外－可见分光光度计、红外光谱仪、荧光分光光度计、原子吸收光谱仪等；第三章是仪器分析基础实验，实验内容涵盖电位实验、电泳实验、薄层色谱实验、高效液相色谱实验、气相色谱实验、紫外－可见分光光度实验、红外光谱实验、荧光光谱实验、原子吸收光谱实验、原子发射光谱实验、差热分析实验、核磁共振波谱法实验、液质联用实验、X 射线粉末衍射法实验、扫描电子显微镜实验。为了提高学生的学习热情和综合素质，培养和启发学生发现问题、分析问题和解决问题的能力，第四章安排了设计性实验。

　　本教材由全国普通高等医学院校从事仪器分析教学多年且具有丰富教学经验的教师编写，内容既有广泛的适用性，又注重体现当前仪器分析的新技术和新方法，且结合《中国药典》（2015 年版）和当前针对药学专业国家认证的实际情况，注重培养学生的基础实验知识和基本操作技能，可供全国普通高等医学院校药学类专业以及检验、公共卫生等专业的学生使用。

　　由于编写时间仓促，书中难免有错误和不当之处，敬请读者批评指正。

编　者

2015 年 10 月

目录
CONTENTS

第一章 仪器分析实验须知

仪器分析是药学本科专业的专业基础课，而仪器分析实验是仪器分析课程的重要组成部分和实践教学环节。对绝大多数学生来说，将来并不从事分析仪器研制，而是将仪器分析作为一种科学实验手段获取所需要的化学信息。仪器分析是一门实验技术性很强的课程，只有通过严格的实验训练，包括实验方案的设计、实验操作和技能的练习、实验数据的处理和谱图的解析以及实验结果的表述，才可能有效地利用这一手段获得所需要的信息。

毋庸讳言，通过实验教学可以使学生了解各种仪器结构，掌握仪器基本操作，加深对仪器分析方法原理的理解，巩固课堂教学效果；更重要的是通过仪器分析实验，可以培养学生实事求是的科学作风，独立从事科学实验研究的能力，以及发现问题、提出问题、分析问题和解决问题的能力。良好的科学作风、独立工作的能力将会对学生的未来发展产生深远的影响。

理论可以指导实验，通过实验可以验证和发展理论。实验验证和发展理论的作用是以对实验现象严密细心的观察和对实验数据的科学分析为基础的。而高超熟练的实验技能是获得准确实验数据的必要和先决条件。一般来说，仪器分析实验对培养学生理论联系实际、掌握和提高实验技能、分析推理能力是大有好处的，可为今后的药学专业课程的学习、工作和科学研究奠定基础。为此，要求同学们必须注意以下几点：

一、仪器分析实验的规章制度

1. 严禁穿拖鞋进入实验室，进入实验室后必须按规定穿实验服，严格遵守课堂纪律，不得无故迟到、早退。

2. 实验前需将长发绑好。

3. 严禁配戴隐形眼镜进入实验室。

4. 严禁在实验室内及实验室走廊吸烟，以免引起有机溶剂燃烧而发生危险。

5. 禁止在实验室内吃东西和嚼口香糖，水和饮料放在离实验台面较远的地方，切记不能与试剂放在一起，并洗净双手后方可饮用。

6. 禁止在烘箱内烘烤食物，禁止将食物放入贮有化学药品的冰箱或冰柜内。

7. 实验过程中严禁大声喧哗、追逐打闹，不乱扔垃圾，不随地吐痰。

8. 分组做好实验室卫生，要求椅子摆放整齐，实验台面整洁，地板干净。值日同学需要检查实验室仪器电源是否关闭、水龙头是否关好、门窗是否关好等。

9. 完成实验后请洗净双手方可离开实验室。

二、仪器分析实验的基本要求

1. 实验前认真预习，仔细研读实验原理，熟悉实验步骤和实验内容，以及实验过程中的注意事项，尤其是安全注意事项，总之对即将要做的实验做到胸有成竹、心中有数。

2. 指导老师讲解时要认真听课，并做好笔记。

3. 在操作仪器前要仔细阅读实验仪器操作规程，熟悉仪器的正确使用方法，有不了解之处及时请教老师。尤其是对昂贵的精密仪器要在老师的指导下操作，切不可盲目乱动。

4. 在实验过程中仔细观察并详细记录实验现象，用专门的记录本认真记录实验原始数据，并不得随意改动原始数据，不得将原始数据记录在纸片上或手上。禁止凭空编造、杜撰原始数据。不要随意窜走和摆弄与本次实验无关的物品。更不要玩弄手机，上网浏览网页、QQ 和微信等。

5. 实验结束后认真填写仪器使用记录以及仪器运行情况；将使用过的玻璃器皿清洗干净，所产生的废液和没有用完的试剂按照要求处理，不能随意倾倒在下水道。需要回收的试剂、溶剂按要求回收到相应的试剂瓶，并贴上标签。对于所用到的仪器按操作规程关闭软件和仪器电源、水源。

6. 认真书写实验报告，不得抄袭他人的实验报告，并按时按质将实验报告交给老师，老师批阅后如有错误的地方要认真总结。

三、实验数据的记录与处理

用专门的记录本认真记录实验原始数据，并不得随意改动原始数据。在记录数据之前应先写好实验名称、实验条件、参与实验人员、实验日期以及实验室的温湿度等。实验测量数据或数据计算结果的数字位数多少应与分析方法的准确度及仪器的精度相适应。实验数据的记录和处理，应遵循有效数字的读取、修约和运算规则。

1. 有效数字 有效数字是指实际能测量到的数字。从 0 至 9 这十个数字中，0 既是有效数字，也是做定位用的无效数字。例如，0.04100 中 4 前面的一个 0 是无效数字，1 后面的两个 0 都是有效数字。

保留有效数字位数的原则是：在记录数据时，只允许保留一位可疑值。例如，用万分之一的分析天平进行称量时，应记至 0.0001g，如 20.2386g；在记录分光光度计的吸光度值时要将所有数据记录下来，如读数为 0.500，不能记录成 0.5 或 0.50。

单位变换时，有效数字的位数保持不变。例如，4.50mg 有三位有效数字，单位为克（g）时也仍然为三位有效数字，此时应以科学计数法表示为 4.50×10^{-3}g。

首位为 8 或 9 的数字可多计一位有效数字，例如，89.9% 可视为四位有效数字。pH 及 pK_a 等对数值的有效数字由小数部分决定，例如，pH = 4.50 为两位有效数字。

2. 有效数字的修约规则 对有效数字位数较多的测量值，应将多余的数字舍弃，该过程称为有效数字修约。基本原则为"四舍六入五成双"，也就是当多余尾数 ≤4 时舍掉，多余尾数 ≥6 时进一位。若多余尾数等于 5 时，5 后有不为零的数字，则进位；5 后面数字为零，则取决于 5 前面数字的奇偶，采用"偶舍奇进"的原则修约，使被保留数据的最后一位为偶数。例如，4.5835 修约为四位有效数字的结果为 4.584。

四、仪器分析实验报告的书写

实验完成后，应根据实验前的预习和实验过程中记录的数据和现象，用专门的实验报告本认真书写实验报告。一份合格的实验报告应包括：

1. 实验序号和实验题目 每次实验需写明实验题目、实验室温度和实验日期，如有合作伙伴，应将合作伙伴写上。

2. 实验目的 明确实验目的、实验要求及需要了解、熟悉、掌握的实验操作技术和方法等。

3. 实验原理 参考实验教材中的实验原理，结合理论课所学知识，用简明扼要的文字和化学方程式说明实验原理；如果在实验过程中涉及实验装置，还应画出实验装置图，必要时以图文并茂的形式，概述实验原理。

4. 仪器和试剂 列出实验中所用到的主要仪器和试剂，仪器和试剂要注明厂家，另外试剂还需标明其纯度等级。

5. 实验操作内容及步骤 可用图表、文字、化学反应式或流程图把实际操作的过程具体描述出来。实验步骤包括样品的前处理、实验操作条件（如狭缝宽度、气体的流量、实验仪器的电压、电流等）、样品的测定、实验数据的记录以及工作曲线的绘制。

6. 结果与计算 实验记录的原始数据要能如实反映在实验报告中，需计算实验结果的，应根据公式将实验结果计算出来。实验结果和原始数据要真实，不得随意捏造和故意篡改，养成培养严谨缜密和实事求是的科学态度。

7. 注意事项 写出实验过程中主要的注意事项，尤其是实验成功与否的主要关键事项和实验过程中的安全注意事项。

8. 实验讨论及评价 实验的讨论包括实验教材中的思考题和实验产生误差的原因。并以实验结果为论据，把所学的理论知识和实验中观察到的现象及实验结果进行比较、分析和说明；通过实验分析，发现问题，并提出改进建议和方法。评价要实事求是，力求做到客观认真。通过讨论和评价，逐步培养发现问题、分析问题和解决问题的能力，为今后的学习和科学研究奠定必要的基础。

五、仪器分析实验评分标准

1. 预习笔记 15 分 预习记录认真给满分，不认真者视情况酌情扣分，无预习记录不给分，并要求重新预习方能做实验。

2. 实验数据记录 10 分 数据记录详实、符合要求者给满分，有记录但不详实者适当扣分，无记录者为 0 分。

3. 实验操作、实验结果 30 分 操作正确认真、实验结果符合要求给满分；实验结果不符合要求扣 5 分；操作失误、重做实验扣 10 分；损坏仪器除按规定处理外，本项成绩扣 15 分；违反操作规定，造成事故者当次实验记零分。

4. 仪器洗涤干净并摆放整齐，台面整洁状况 5 分 乱拿公用药品，台面脏乱，实验结束后不洗涤玻璃仪器或没有洗干净、没按要求处理剩余实验试剂不给分。值日生不履行职责者不给分。

5. 实验报告 40 分 实验报告符合要求，态度认真、书写整齐给满分，报告项目不全、不符合要求、绘图不认真、有错误者应适当扣分。

指导教师检查学生的实验预习笔记本、实验记录，在学生离开实验室前，在学生实验记录本上签阅，并当场给出学生前四项成绩的分数，在评阅完学生实验报告后，合并五项总成绩，给出学生本次实验的成绩。学生要根据指导教师的要求及时上交实验报告，逾期不交者，实验报告成绩以零分记录。全部实验课程结束后，以学生各次实验成绩取平均值计算学生的实验课成绩。

六、实验室的安全措施

1. 用电安全相关规定

（1）实验室电气设备的安装和使用，必须符合安全用电管理规定。大功率实验设备用电必须使用专线，严禁与照明线共用，防止因超负荷用电着火。

（2）实验室内的电路和配电箱等装置及电路系统中的各种开关、插座、插头等均应保持完好状态，严禁乱拉乱接电线。熔断装置所用的保险丝必须与线路允许的容量相匹配，不得用其他导线替代，以防出现火灾。

（3）室内若有氢气、煤气等易燃易爆气体，应避免产生电火花。继电器工作和开关合闸时，易产生电火花，要特别小心。电器接触点（如电插头）接触不良时，应及时修理或更换。

（4）如遇电线起火，立即切断电源，用沙或二氧化碳、四氯化碳灭火器灭火，禁止用水或泡沫灭火器等导电的液体灭火。

（5）为防止漏电，严禁在水槽旁使用电源插座，手上有水或潮湿时，不得接触电器设备或电源插座等。如有人触电，应迅速切断电源，然后进行抢救。

2. 高压气瓶的安全使用

（1）高压气瓶应专瓶专用，不得随意改装其他种类的气体。

（2）压力气瓶必须分类分处保管，直立放置时要固定稳妥。使用时应加装固定环。气瓶要远离热源，避免曝晒和剧烈震动；实验室内存放气瓶量不得超过两瓶。

（3）在搬动存放气瓶时，应装上防震垫圈，旋紧安全帽，以保护开关阀，防止其意外转动，并减少碰撞。搬运充装有气体的气瓶时，要用专门的担架或小推车，也可以用手垂直转动。禁止用手搬着开关阀移动。

（4）充装有互相接触后可引起燃烧、爆炸气体的气瓶（如氢气瓶和氧气瓶）时，不能同车搬运或同存一处，也不能和其他易燃易爆物品混合存放。

（5）容器外表颜色应显明，易于辨认。

（6）开启气门时应站在气压表的一侧，不得将头或身体对准气瓶总阀，以防阀门或气压表冲出伤人。

（7）为防倒灌，气瓶内气体不可用尽。

（8）氧气瓶严禁油污。

（9）应定期检查管路是否漏气，检查压力表是否正常。

3. 使用加热设备的防火要求 实验室常用的加热设备有酒精灯和酒精喷灯、电炉、电烘箱以及煤气灯等，在使用这些装置时要按照规定操作，并注意防火。

（1）使用酒精灯和酒精喷灯时，酒精的添加量不应超过灯具容量的 2/3，以防酒精外溢。为防失火而导致安全事故，应使用火柴点燃酒精灯，禁止用一正在燃烧的酒精灯来点燃另一酒精灯；用毕应及时用灯帽盖灭，不能用嘴吹灭，以防点燃灯内酒精而引起爆炸。灯内酒精量使用到约 1/4 容量时，应及时添加酒精。添加酒精时，必须先熄灭酒精灯，以免造成危险。

（2）使用小功率电炉加热时，为使被加热物质受热均匀，把被加热装置放在石棉网上。当熔化松香、石蜡等易燃物时，应特别注意控制温度，防止大量冒烟或受热温度超过燃点。加热易燃液体时，应使用水浴或油浴，且控制加热温度不得超过其燃点。由于小功率电炉的电热丝外露，不能用于加热易于形成易燃蒸气的物料。使用较大功率的高温电炉加热时，应配备温度控制装置，必要时应装报警器，控制失灵时不得使用。高温电炉周围不得放置易燃、易爆物品以及其他危险物品，以防引起火灾等。易熔、可燃、挥发、腐蚀、爆炸物不得放入炉内加热。试样应用合适的耐高温坩埚盛装，坩埚材料应根据溶剂性质合理选择。包有滤纸的湿沉淀应经烘干、灰化后再送入炉膛内灼烧。为防止污损，炉膛底部应垫石棉板。

（3）使用电烘箱时，应根据待烘物料的物理性质和化学性质严格控制烘烤温度与时间。烘箱应带自动温度控制装置，且应注意检查其工作是否可靠。应缓慢升高温度，避免升温过快。严禁将易燃、易爆物品放入电烘箱烘烤。工作结束或停电时，应切断电源。

（4）使用煤气灯时，应严格按照规定次序点燃、熄灭煤气灯。点燃次序：闭风、点火、开启煤气阀、调节风量。熄灯次序：闭风、关煤气阀。停气时，应将所有开关关闭。为防止煤气爆炸，点燃的煤气灯附近不得放置易燃、易爆物品。

七、突发紧急情况处理

1. 普通伤口　用生理盐水清洗伤口，必要时覆盖纱布，并用胶布固定。

2. 烧烫（灼）伤　用冷水冲洗 15～30 分钟至散热止痛，并用生理盐水轻轻擦拭，严重者应紧急送至医院。注意，切勿自行涂抹药膏、牙膏、酱油等或用纱布盖住，若出现水疱，切勿自行将水疱刺破。

3. 化学药物灼伤　用消毒纱布覆盖伤口，必要时紧急送至医院。

4. 化学药品误入眼睛时的应急处理　撑开眼睑，用清水冲洗 5 分钟。必要时，紧急送医院处理。注意，不要自行使用化学解毒剂。

5. 吸入时的应急处理

（1）应尽快将患者转移到空气新鲜的地方，解开衣服，放松身体。

（2）当呼吸能力减弱时，应马上进行人工呼吸。

（3）严重者应及时送到医院抢救。

八、易燃易爆化学药品的保存和使用

（一）易燃化学药品的分类

易燃化学药品包括可燃气体、易燃液体、易燃固体和自燃物质。

1. 可燃气体　氨气、乙胺、氯气、氯乙烷、乙炔、煤气、氢气、硫化氢、甲烷、氯甲烷、二氧化硫等。

2. 易燃液体　汽油、乙醚、乙醛、二硫化碳、石油醚、苯、乙醇、丙酮、甲苯、二甲苯、苯胺、乙酸乙酯等。

3. 易燃固体　红磷、二硫化二磷、萘、镁粉、铅粉等。

4. 自燃物质　黄磷。

（二）易爆炸化学药品

1. 自行爆炸化学药品　高氯酸铵、硝酸铵、浓高氯酸、雷酸汞、三硝基甲苯等。

2. 混合后发生爆炸的化学药品　①金属钠或钾＋水；②高锰酸钾＋甘油或其他有机物；③高锰酸钾＋硫酸或硫；④高氯酸＋乙醇或其他有机物；⑤硝酸铵＋醋类或其他有机物；⑥硝酸铵＋锌粉＋水；⑦硝酸盐＋氯化亚锡；⑧过氧化物＋铝＋水；⑨硫＋氧化汞；⑩硝酸＋镁或碘化氢。

（三）易燃易爆化学药品的保存

1. 易燃易爆试剂应贮于壁厚 1mm 以上的铁柜中，柜子的顶部须有通风口。严禁在实验室存放大于 20L 的瓶装易燃液体。易燃易爆药品不要放在除防爆冰箱以外的冰箱内。

2. 相互混合或接触后可以产生激烈反应、燃烧、爆炸、放出有毒气体的两种或两种以上的化合物不能混放。

3. 药品柜和试剂溶液均应避免阳光直晒及靠近暖气等热源。要求避光的试剂应装于棕色瓶中或用黑纸或黑布包好存于暗柜中。

4. 发现试剂瓶上标签掉落或将要模糊时应立即贴好标签。无标签或标签无法辨认的试剂都要当成危险物品重新鉴别后小心处理，不可随便乱扔，以免引起严重后果。

（四）易燃易爆化学药品的安全操作

1. 倾倒易燃液体时，应远离火源。使用乙醚或二硫化碳等危险性大的液体时应在通风橱内进行。

2. 应防止可燃性气体或蒸气（如乙醇、乙醚、乙烯、乙炔、丙酮、苯、乙酸乙酯、一氧化碳、氨气等）大量散失在室内空气中，这些可燃性气体若与空气混合至爆炸极限，一旦有热源诱发，极易发生爆炸事故，应保持实验室内通风良好。在大量使用可燃性气体时，严禁使用明火和可能产生火花的电器。

3. 不得将接触可引起燃爆事故的性质不相容物（如氧化剂与易燃物）一起研磨。防止在研磨过程中出现着火、爆炸等意外事故。

4. 危险性操作，如采用试管加热或溶液萃取时，容器口应对向无人处。开启试剂瓶时，瓶口不得朝向人体。如果室温过高，应先将瓶体冷却后再打开。

5. 乙醚、酒精、丙酮、二硫化碳、苯等有机溶剂，不可直接倒入下水道，以免集聚引起火灾。

6. 强氧化剂和强还原剂必须分开存放，使用时应轻拿轻放，远离热源。对过氧化物、高氯酸盐、叠氮化合物、三硝基甲苯等易爆物质，应避免受震或受热引发热爆炸。

7. 黄磷、钾、钠、氢化物等易燃物，数量较大时应在防火实验室内操作。钾、钠操作时应避免与水、卤代烃接触。不得将未反应完的钾、钠直接弃入废液缸或下水道内，以防引起燃爆事故。

8. 强酸、强碱、强氧化剂、磷、钠、钾、苯酚、醋酸、液氮和溴等物质都会灼伤皮肤；应注意防护，尤其防止溅入眼中。

9. 实验室万一着火，应冷静处理，采取适当措施及时灭火；根据不同情况，可选用湿毛巾、沙、CO_2 泡沫灭火器进行灭火。为防止火势扩大，应及时拨打报警电话119。

（余邦良）

第二章 仪器分析实验常用仪器简介

第一节 玻璃仪器

仪器分析常用的玻璃仪器有容量瓶、烧杯、胶头滴管、药匙、量筒、滴定管、移液管和吸量管等。

一、玻璃仪器的洗涤

洗涤仪器的方法很多,应根据实验的要求、污物的性质和沾污的程度来选用。常见污物处理方法见表2-1。

表 2 - 1　常见污物的处理方法

污物种类	处理方法
可溶于水的污物、灰尘等	自来水清洗
不溶于水的污物	去污粉、肥皂、合成洗涤剂
氧化性污物（如 MnO_2、Fe_2O_3 等）	草酸洗液、浓盐酸
黏附的硫黄	用煮沸的石灰水处理
碘迹	用 KI 溶液浸泡,用温热的稀 NaOH 或 $Na_2S_2O_3$ 溶液处理
被有机物染色的比色皿	用体积比 1：2 的盐酸 - 酒精液处理
高锰酸钾污垢	酸性草酸溶液
油污、有机物	铬酸洗涤液,高锰酸钾洗涤液、碱性洗液（Na_2CO_3、NaOH 等）有机溶剂

1. 一般的玻璃仪器的洗涤　烧杯、烧瓶、锥形瓶、试管和量筒等一般的玻璃仪器采用刷洗,用毛刷从外到里用自来水刷洗,洗掉可溶于水的物质、尘土以及部分不溶性物质;如果有油污,可蘸肥皂粉、去污粉或洗涤剂刷洗,然后用自来水冲洗干净,最后用蒸馏水或去离子水润洗内壁 2~3 次。如果洗涤带磨口的玻璃仪器,洗刷时应注意保护磨口,不宜使用颗粒性去污剂,应用洗涤剂。

2. 特殊玻璃仪器的洗涤　滴定管、容量瓶、移液管和吸量管等细口径玻璃仪器不易用毛刷刷洗干净,可以采用浸泡洗涤。通常将洗涤剂或有氧化性的洗液（如重铬酸钾）倒入或吸入容器内浸泡一段时间后,把容器内的洗涤剂或有氧化性的洗液倒入贮存瓶,用少量自来水清洗,将清洗液倒入废液瓶中,再用自来水冲洗干净,最后用去离子水或蒸馏水润洗 2~3 次。

二、玻璃仪器的干燥

玻璃仪器清洗干净后需要干燥备用。针对不同的实验对玻璃仪器干燥有不同的要求，一般实验用的烧杯、锥形瓶等仪器清洗干净即可使用，而用于分析的仪器很多要求干燥至无水痕和无水。干燥玻璃仪器的常用方法有：晾干法、烘干法、冷（热）风吹干法和烤干法等。

1. 晾干法　不急用的洗净的玻璃仪器可在无尘处倒置，或放在带有透气孔的实验柜内或仪器架上，让其自然晾干。

2. 烘干法　如果需干燥批量玻璃仪器，通常使用电烘箱烘干。对于一般的玻璃仪器，洗净后控去水分，放在烘箱内，烘箱温度设置为 $105 \sim 110℃$，烘 1 小时左右。此外也可放在红外灯干燥箱中烘干。称量瓶等在烘干后要放在干燥器中冷却和保存。对于带实心玻璃塞的及厚壁玻璃仪器，烘干时要注意慢慢升温，并且温度不可过高，以免破裂。滴定管、容量瓶、移液管和吸量管等量器不可放于烘箱中烘干。

3. 冷（热）风吹干法　对于急于干燥的玻璃仪器或不适于放入烘箱的较大的玻璃仪器，可用吹干的办法。通常将少量易挥发的有机溶剂（如乙醇、丙酮等）倒入已控去水分的仪器中摇洗，倒掉洗液后用电吹风机吹，开始用冷风吹 1 ~ 2 分钟，当大部分溶剂挥发后，换用热风吹至完全干燥，再用冷风吹去残余蒸汽，不使其又冷凝在容器内。

4. 烤干法　此法常用于可加热或耐高温的仪器，如蒸发皿、试管、烧杯、烧瓶等。一般常用的烧杯、蒸发皿等，先揩干仪器外壁水珠，置于石棉网上用小火烤干。试管可以直接用小火烤干。操作时试管口略向下倾斜，以免水珠倒流炸裂试管。火焰可从底部开始缓慢向下移至管口，不要集中于一个部位。至烘烤到不见水珠时，再使管口朝上，将水气赶尽。

值得注意的是，凡是洗净的玻璃仪器，都不能用卫生纸巾或抹布擦拭内壁，以免纸屑和污物进入瓶内导致再次污染。

三、容量瓶的使用

1. 容量瓶的规格　容量瓶是用来精确配制一定体积溶液的量器，有小容积和大容积两种规格，小容积的有 5ml、25ml、50ml 和 100ml，大容积的有 250ml、500ml、1000ml 和 2000ml 等。颈上有标线，瓶上标有温度和该温度下的容积，表示在所指温度下（一般为 20℃），当液体加到标线时，溶液体积恰好与瓶上所标注的体积相等。

2. 容量瓶的检漏　容量瓶在使用前，首先要检查容量瓶容积是否与所要求的一致，然后检查是否漏水。检查的方法是：在瓶中放水到标线附近，塞紧瓶塞，右手按住塞子，使其倒立 2 分钟，用干滤纸片沿瓶口缝处检查，看有无水渗出；如果不漏，再把塞子转动 $180°$，塞紧，倒立。如果两个方向都不漏水，方可使用。

3. 使用容量瓶配制溶液的步骤

（1）把准确称量好的固体溶质放在烧杯中，用少量溶剂溶解，然后把溶液沿玻璃棒转移到容量瓶里。为保证溶质能全部转移到容量瓶中，要用溶剂多次洗涤残留在烧杯里的溶质，一般洗涤 3 ~ 4 次即可，并把洗涤液全部转移到容量瓶。

（2）缓慢向容量瓶中内补加溶剂，当液面离标线 3cm 左右时，应改用滴管小心滴加，最后使液体的弯月面与标线正好相切。

（3）盖紧瓶塞，左手握住瓶底，右手掌心压着瓶塞，倒转摇动数次，使瓶内的溶液混合均匀。

4. 使用注意事项

（1）容量瓶不能加热，热溶液应冷至室温后，才能移入容量瓶中，否则会造成体积误差。

（2）溶液摇匀后液面会下降，此乃正常现象，请不要补加液体。

（3）在转液或振摇过程中如果溶液洒落在瓶外，不论多少，都必须重新配制。

（4）不能用容量瓶长期存放溶液，尤其是碱性溶液会侵蚀瓶壁，并使瓶塞黏住，无法打开，没有用完的溶液请装在相应的试剂瓶里。

（5）用完后立即洗净容量瓶，塞好瓶塞，并在瓶塞和瓶口间放一小纸片。

四、药匙的使用

取用固体药品时必须用干净的药匙。一支药匙不能同时取用两种或两种以上的药品。药匙每取完一种药品后都必须用干净的纸擦拭干净，以备下次使用。药匙的两端为大小两匙，取较多量固体时用大匙，取较少量固体时用小匙。

往试管里装入固体粉末时，为避免药品沾在管口和管壁上，试管应倾斜，把盛有药品的药匙小心地送入试管底部，然后将试管直立起来，让药品全部落在底部；或将试管水平放置，把固体粉末放在折叠成槽状的干净纸条上，然后送入试管管底，取出纸条，将试管直立起来。

药匙在使用时，用右手拇指和中指捏住药匙，药匙的一端顶于掌心，用食指轻轻敲打药匙使固体倾出。注意多取的试剂，不能倒回原瓶，可以放在指定容器中，以供他人使用。

五、胶头滴管的使用

1. 使用胶头滴管时胶头向上，管口向下，使用过程中不可将滴管横置或倒立，否则液体试剂进入胶头而使胶头腐蚀或将胶头里的杂质带进试剂造成污染。

2. 为防止滴管沾上其他试剂，滴管管口不能伸入受滴容器。

3. 用过后应立即洗涤干净，并插在洁净的试管内，未经洗涤的滴管严禁吸取别的试剂。

4. 滴瓶上的滴管必须与滴瓶配套使用，滴管从滴瓶中取出后，用毕随手放回滴瓶中，切忌将滴管插错滴瓶。如果不慎插错，应立即报告老师，以防被污染的试剂被他人使用，造成错误的实验现象或实验结果。

5. 取用酸碱等腐蚀性试剂时，应特别小心，不要让其滴到桌面或沾到皮肤、衣服上。万一触及皮肤，可用大量水冲洗，严重时立即就医。

六、量筒的使用

量筒是量度液体体积的仪器。规格以所能量度的最大容量（ml）表示，常用的有10ml、25ml、50ml、100ml、250ml、500ml、1000ml等。外壁刻度都是以ml为单位。量筒越大，管径越粗，其精确度越小，由视线偏差所造成的读数误差也越大。所以，实验中应根据所取溶液的体积，尽量选用能一次量取的最小规格的量筒。分次量取也会增加误差。如量取35ml液体，应选用50ml量筒。

用量筒取液体试剂时，左手拿量筒，右手持试剂瓶（标签朝手心），瓶口紧靠量筒口注入液体，倒完后，将试剂瓶在量筒口上靠一下，以避免遗留在瓶口的试剂沿着试剂瓶流到外壁（图2-1）。取用后立即盖好试剂瓶的瓶塞，把试剂量瓶放回原处，且使瓶上的标签朝外。

读数时应把量筒放在平整的桌面上，视线与量筒内液体的凹液面的最低处保持水平，读出所取液体的体积数。否则，读数会偏高或偏低（图2-2）。

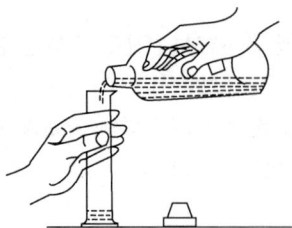

图 2-1　向量筒中装入液体的操作

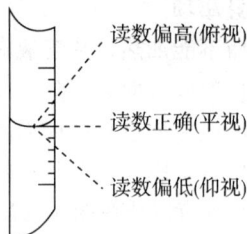

读数偏高(俯视)

读数正确(平视)

读数偏低(仰视)

图 2-2　量筒的读数图

七、移液管和吸量管的使用

移液管是准确移取液体的常用玻璃仪器，其使用方法如下：

1. 润洗　使用时先用待转移的液体润洗三次。

2. 取液　移取液体时，把移液管的尖端浸入液体中，右手拇指及中指拿住管颈标线以上的地方，左手拿洗耳球，并用洗耳球把液体吸入移液管内至标线以上，然后迅速拿走洗耳球，用右手的食指按住管口。然后稍微放松食指，使液面缓慢、平稳下降，直到试剂的凹液面与标线相平，立即按紧食指，使液体不再流出。

3. 放液　移液管的尖端靠在接收容器的内壁上，移液管竖直，接收容器倾斜，放松食指，让液体自由流出。液体流完后，还要停留片刻（约 15 秒），再把移液管拿开。如果移液管上写得有"快"字，则不需要停留。最后，移液管的尖端还会剩余少量液体，但原来在标定移液管的体积时，并未把这部分液体计算在内，所以不需用外力把这点液体吹入接收容器内。但如果在移液管上写得有"吹"字，则要用洗耳球吹下。

吸量管的使用同移液管。

（余邦良）

第二节　天　平

一、托盘天平

托盘天平又叫台秤，由托盘、横梁、调节螺母、刻度尺、指针、刀口、底座、标尺、游码、砝码等组成，其结构如图 2-3 所示。在实验室中常用托盘天平粗称物体的质量，一般能称准至 0.1g 或 0.2g，其最大称量有 100g、200g、500g、1000g 等。在称量前，要放置在水平台面，先将游码拨到"0"刻度处，调节平衡螺母，使指针指在中央位置，此时称为台秤的"零点"。称量时，根据称量物的性状，将称量物放在玻璃器皿或洁净的纸上，如称量干燥固体药品时，应在两个托盘上各放一张相同质量的称量纸，然后把药品放在称量纸上称量；易潮解的试剂、药品，必须放在小烧杯、表面皿等玻璃器皿上称量。并遵循"左物右码"的原则，即物体放左盘，砝码放右盘。加砝码时根据估算称量物质量，先大后小，加减到 5g 以下的质量时，可以移动游码。直到指针停到"零点"，表示两边质量相等。此时物体的质量等于右盘上砝码的质量加上游码尺上的读数，托盘天平用完后将砝码放回盒中，将游码复原至刻度"0"。

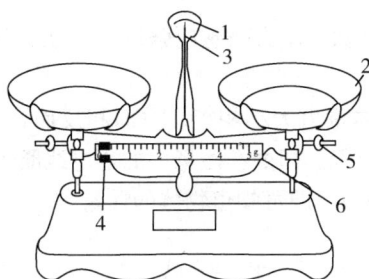

图 2-3 台秤结构

1. 刻度尺；2. 托盘；3. 指针；4. 游码；5. 调节螺母；6. 标尺

注意，过冷过热的物体不可放在天平上称量，应先在干燥器内放置至室温后再称。

二、电子分析天平

分析天平是指称量精度为 0.0001g 的天平，是定量分析工作中最重要、最常用的精密称量仪器。每一项定量分析都直接或间接地需要使用天平，而分析天平的准确度对分析结果有很大的影响，因此，我们必须了解分析天平的工作原理并掌握正确的使用方法，避免因天平使用不当或保管不当影响称量的准确度。

分析天平包括普通分析天平、半自动/全自动加码电光投影阻尼分析天平和电子分析天平等，其中电子分析天平（图 2-4）最常用。电子分析天平是基于电磁学原理制造的最新一代的天平，可直接称量，不需砝码，具有自动调零、校准、扣皮重、显示读数等功能。操作简便，称量速度快。下面就电子分析天平的称量原理、使用方法和注意事项做简单介绍。

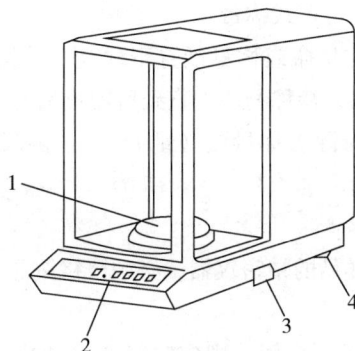

图 2-4 电子天平

1. 称量盘；2. 数字显示；3. 校准杆；4. 水平位调校螺丝

（一）电子分析天平的称量原理

电子分析天平采用了现代电子控制技术，利用电磁力平衡原理实现称重的，其测量原理如图 2-5 所示。将天平传感器的平衡结构简化为一杠杆，杠杆以支点 O 支撑，左边是秤盘，秤盘通过支架连杆与线圈连接，线圈置于磁场内。在称量范围内时，被测重物的重力通过连杆架作用于线圈，这时在磁场中若有电流通过，线圈将产生一个方向向上的电磁力 F；

$$F = KBLI \tag{2-1}$$

式中，K 为与使用单位有关的常数；B 为磁感应强度；L 为线圈导线的长度；I 为通过线圈导线的电流强度。

电磁力 F 和秤盘上被测物体重力大小相等、方向相反而达到平衡，同时在弹性簧片的作用下使秤盘支架回复到原来的位置。即处在磁场中的通电线圈，流经其内部的电流 I 与被测物体的质量成正比，只要测出电流 I，即可知道物体的质量。

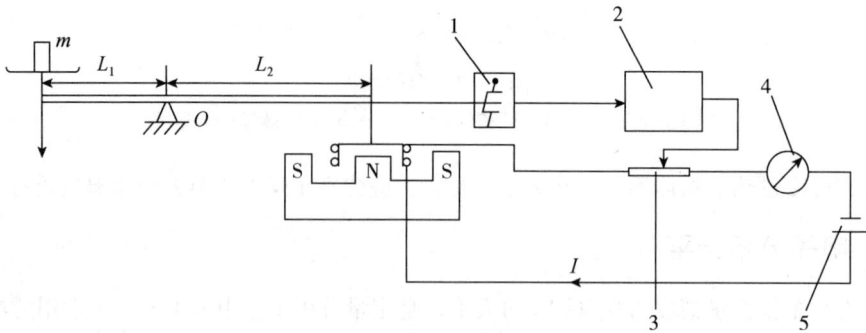

图 2 - 5　电子天平测量原理示意图
1. 调零指示；2. 放大装置；3 模拟电流开关调节器；4. 电流计；5. 电源

（二）电子分析天平的使用

1. 操作步骤

（1）把电子分析天平放在水平台面。

（2）接通电源，预热：预热足够时间后，打开天平开关，天平则自动进行灵敏度及零点调节。待稳定标志显示后，可进行正式称量。

（3）称量：称量时将洁净称量瓶或称量纸置于称盘上，关上侧门，轻按一下去皮键，天平将自动校对零点，然后逐渐加入待称物质，直到所需重量为止。

（4）关闭：称量结束应及时除去称量瓶（纸），关上侧门，切断电源，并做好使用情况登记。

2. 注意事项

（1）电子分析天平是称量样品的精密仪器，必须严格按照规定的操作步骤进行称量练习，以免损坏仪器。

（2）电子分析天平若长时间不使用，则应定时通电预热，每周一次，每次预热 2 小时，以确保仪器始终处于良好的使用状态。

（3）天平安装后，第一次使用前，应对天平进行校准。因存放时间较长、位置移动、环境变化或未获得精确测量，天平在使用前一般都应进行校准操作。校准方法请参照电子分析天平使用说明。

（4）不要将过热的或过冷的物体放在天平上称量，应使物体和天平室内温度一致后再进行称量。

（5）挥发性、腐蚀性、强酸、强碱类物质应盛于带盖称量瓶内称量。

（6）为了避免污染被称物品，操作时应戴手套或用纸条取放称量瓶。

（7）天平箱内应放置干燥剂（如硅胶），当干燥剂吸水变色，应立即高温烘烤更换，以确保吸湿性能。

（8）称量完毕，应随时将天平复原，关闭电源，并检查天平周围是否清洁。并在使用记录本上登记使用信息。

三、样品的称量方法

根据试样的不同性质和分析工作的不同要求，可分别采用直接称量法、递减称量法和固定质量称量法。

1. 直接称量法　又称直接法，是将称量物直接放在天平盘上直接称量物体的质量。例如，称量小烧杯的质量，容量器皿校正中称量某容量瓶的质量，重量分析实验中称量某坩埚的质量等，都采用这种称量方法。对于某些在空气中不易潮解或不易升华的固体试剂也可用直接称量法。

2. 递减称量法　又称减量法，用于称量一定质量范围的样品或试剂。在称量过程中样品易吸水或二氧化碳、易发生氧化反应等，可选择此法。由于称取试样的质量是由两次称量之差求得，故也称差减法。

称量步骤：用纸带（或纸片）从干燥器中夹住称量瓶后取出称量瓶，用纸片夹住称量瓶盖柄，打开瓶盖，用药匙加入适量试样（一般为称一份试样量的整数倍），盖上瓶盖。注意，不能用手直接触及称量瓶和瓶盖。

将称量瓶放置在电子天平的称量盘上，读数稳定后，记录天平读数（此读数为称量瓶加试样后的准确质量）。取出称量瓶，在接收容器的上方，倾斜瓶身，用称量瓶盖轻敲瓶口上部，使试样慢慢落入容器中，瓶盖始终不要离开接收容器上方。当倾出的试样接近所需量（可从体积上估计或试重得知）时，一边继续用瓶盖轻敲瓶口，一边逐渐将瓶身竖直，使黏附在瓶口上的试样落回称量瓶，然后盖好瓶盖，把称量瓶放回天平托盘，准确称其质量，记录天平读数。两次读数之差，即为称取试样的质量。按上述方法连续递减，可称量多份试样。有时一次很难得到合乎质量范围要求的试样，可重复上述称量操作 1~2 次。

3. 固定质量称量法　又称增量法，用于称量某一固定质量的试剂（如基准物质）或试样。这种方法的优点是称量计算简便，结果计算方便，但称量操作的速度很慢。此法适用于称量不易吸潮、在空气中能稳定存在的粉末状或小颗粒（最小颗粒应小于 0.1mg，以便容易调节其质量）样品。

称量步骤：在电子天平托盘上放置一洁净干燥的小烧杯，按 TAR 键，显示 0.0000g 后，用药匙将试样慢慢地敲入到表面皿的中央，直至天平读数正好显示所需质量为止，记录称量数据。

注意：若不慎加入试剂量超过指定质量，应用药匙取出多余试剂。重复上述操作，直至试剂质量符合指定要求为止。取出的多余试剂应弃去，不要放回原试剂瓶中。操作时不能将试剂散落于天平盘等容器以外的地方，称好的试剂必须定量地由小烧杯等容器直接转入接收容器。

（余邦良）

第三节　pHs – 25 型酸度计

一、工作原理

　　pH 计又称酸度计，是一种电化学测量仪器，除主要用于测量水溶液的酸度（即 pH 值）外，还可用于测量多种电极的电极电势。原理主要是利用两支电极（指示电极与参比电极）在不同 pH 值溶液中能产生不同的电动势（mV 信号），经过一组转换器转变为电流，在微安计上以 pH 刻度值读出。

　　其中指示电极的电极电势要随被测溶液的 pH 值而变化，通常使用的是玻璃电极，而参比电极则要求与被测溶液的 pH 值无关，通常使用甘汞电极。饱和 KCl 溶液的甘汞电极在 25℃时的电极电势为 0.2415V。目前的发展趋势是使用复合电极。

　　pHs – 25 型酸度计面板的主要使用控制钮为：定位调节器，调节它以补偿玻璃电极的不对称电位，转动此旋钮不要过分用力，以防止固定螺丝位置松动，影响准确度；温度补偿器用于补偿被测溶液的温度，通常指在室温。选择开关按钮（pH – mV），选择仪器测定溶液 pH 值还是测定电极电势（mV），若测 pH 值，则开关转到 pH 位置；若测定 mV 值，则转到 mV 位置。

　　由于电极不对称电位的存在，用玻璃电极测定溶液的 pH 值时一般采用比较法测定，即先测一已知 pH 值的标准缓冲溶液得到一读数，然后测未知溶液得到另一读数，两读数之差就是两种溶液 pH 值之差。由于其中一个是已知的，另一个未知的就不难算出来。为了方便起见，仪器上的定位调节器实际就是用来抵消电极的不对称电位。当测量标准缓冲溶液时，利用这个定位调节器把指示电表指针调整至标准缓冲溶液的 pH 值，以使以后测量未知溶液时，指示电表指针的读数就是未知溶液的 pH 值，省去计算步骤。通常把前面一步称为"校准"，后面一步称为"测量"。一台已经校准的 pH 计，在一定时间内可以连续测量许多未知液，但如果玻璃电极的稳定性还没有完全建立，经常校准还是有必要的。

二、操作方法

　　测量溶液 pH 值的具体操作如下：

　　1. 准备　仪器接通电源，预热 5 分钟，并将玻璃电极和甘汞电极或复合电极接到仪器上，固定在电极夹中。

　　2. 校准

　　（1）把 pH – mV 开关转到 pH 位置。

　　（2）把温度补偿器旋钮转到被测溶液温度值上。

　　（3）按下"pH"键，斜率旋钮调至 100% 位置。

　　（4）将复合电极洗干净，并用滤纸吸干后将复合电极插入标准缓冲溶液中，温度旋钮调至标准溶液的温度，搅拌使溶液均匀。按下读数开关，调节定位旋钮使仪器指示值为该标准缓冲溶液的 pH 值。

　　（5）把电极从标准缓冲溶液中取出，用蒸馏水洗干净，并用滤纸吸干后，放入另一标准缓冲溶液中，按下读数开关，此时显示值应是当时溶液温度下的 pH，否则调节斜率旋钮使仪器指示值为该标准缓冲溶液的 pH 值，仪器标定结束。

3. 测量 将电极移出，用蒸馏水洗干净，并用滤纸吸干后，用被测溶液清洗一次，再将复合电极插入待测溶液中，搅拌使溶液均匀，显示屏显示数值即是该溶液的 pH 值。

三、注意事项

1. 电源接通，数字乱跳，可能是仪器输入端开路。应插上短路插头或电极插头。
2. 定位能调 pH = 6.86，但不能调 pH = 4.00，说明电极失效，应更换电极。

（巩丽虹）

第四节 ZYT - 1 型自动永停滴定仪

一、仪器外型

ZYT - 1 型自动永停滴定仪是按照《中国药典》关于永停滴定法的要求而设计的分析仪器，其外型结构示意图见图 2 - 6。

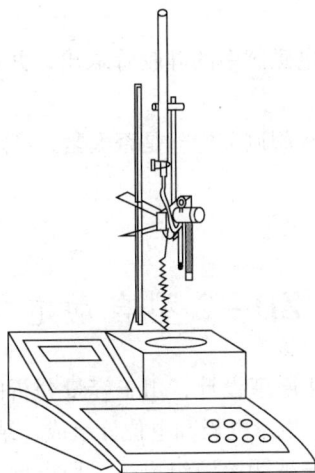

图 2 - 6 ZYT - 1 型自动永停滴定仪

二、工作原理

永停滴定法是将两支双铂电极球膜完全浸入到待测溶液中，根据电流的突然变化来确定滴定终点的一种分析方法。当在电极间加一低电压时，若电极在溶液中极化，则在未到滴定终点时，仅有微量或无电流通过；终点到达时，滴定液稍有过量，溶液中由于可逆电对的存在，电极去极化，产生电流，电流计指示针突然偏转，不再回复。反之，电极由去极化变为极化，电流计指针从偏转回到零点，也不再变动。

三、使用方法

1. 将滴定管、滴管及电极分别装入相应位置，按实验要求设置好"门限值"、"灵敏度"和"极化电压"。

2. 按"快滴"键，调节电磁阀螺丝，使标准液流下，赶走液路部分全部气泡。

3. 按"慢滴"键，同样调节电磁阀螺丝，使慢滴速度为每滴 0.02ml 左右。

4. 重新加满滴定管中的标准液，按"慢滴"键，使滴定管内标准液调节到零刻度。

5. 将被测样品的烧杯置本机搅拌器上，加入搅拌子，打开仪器右侧搅拌开关，并调节搅拌速度电位器。使搅拌速度适中，再将电极、滴管下移，使电极铂片完全浸入被测溶液中（注：滴管下端不能浸入溶液中）。

6. 按"滴定开始"键，仪器开始自动滴定，快滴与慢滴自动交替进行，当电表指针超过门限值时停止滴定（若指针返回门限值以下转为慢滴，在慢滴期间电表指针仍不超过门限值时仪器自动转为快滴）。当仪器指针超过门限值1分20秒（±10秒）仍不返回门限值以下时即为滴定终点，此时仪器终点指示灯亮，蜂鸣器响，仪器处于终点锁定状态。

7. 按"复零"键，记录滴定管的刻度读数，将电极、滴管移离液面并用蒸馏水冲洗干净。

四、注意事项

1. 电极在使用过程中易钝化，导致电表指针反应迟钝，这样在滴定时可能过滴，所以电极在连续使用数次后应进行活化处理，具体方法为：将电极浸入清洗液中 30~60 秒，用蒸馏水冲洗干净即可。

2. 本仪器如长期不用，应将电磁阀中的硅胶管取出，并用蒸馏水冲洗干净，这样可延缓硅胶因老化而产生的粘连和断裂。

3. 发现液路不通，应检查电磁阀调节螺丝是否太紧，滴定管及滴液管是否堵塞。

（巩丽虹）

第五节　ZD－2型自动电位滴定仪

自动电位滴定仪是根据电位法原理设计，用于容量分析的常见分析仪器，它由电磁搅拌器、滴定池、滴定管、参比电极、指示电极和电位计组成，结构示意图见图2-7。其原理是：选用适当的指示电极和参比电极与被测溶液组成一个原电池，随着滴定剂的加入，由于发生化学反应，被测离子的浓度不断发生变化，因而指示电极的电位随之变化。在滴定终点附近，被测离子浓度发生突变，引起电极电位的突跃，因此，可根据电极电位的突跃，确定滴定终点。自动电位滴定仪有两种测量模式，即"pH"模式和"mV"模式。

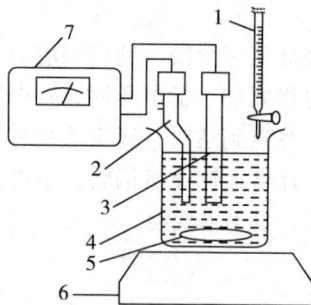

图2-7　自动电位仪装置图

1. 滴定管；2. 参比电极；3. 指示电极；4. 滴定池；5. 搅拌子；6. 电磁搅拌器；7. mV 计

ZD - 2 型自动电位滴定仪的操作：

（1）按照要求连接好仪器。

（2）"pH 滴定"校正：选择开关置于 pH 测量档，温度补偿器旋到被测溶液的实际温度位置上，于小烧杯中倒入标准缓冲溶液，放入搅拌子，浸入电极，使玻璃电极的玻璃泡稍高于甘汞电极的末端，开动搅拌器，旋转搅拌调节器使搅拌速度适当，以不使电极脱离液面为度。揿下读数开关，旋转校正调节器使指针恰好指在校正温度下标准缓冲溶液的 pH 值处，再次揿下读数开关使其松开，指针退回至 pH 值为 7 处。换另一种标准缓冲溶液进行校正。

（3）"mV 测定"校正：将选择开关置于 mV 测量档，拧松电极插座的小螺丝，使电极插头与插座脱离接触，揿下读数开关，根据测量范围 - 700 ~ + 700mV 或 0 ~ 1400mV 的不同要求，旋转校正调节器使指针在 ±700mV 或 0mV 处。

注意：仪器经校正后，不得再旋转校正调节器，否则应重新校正。

（4）将选择开关置于"终点"处，旋转终点调节器使指针在终点 pH 值或电位值上，应注意此后不可再旋转终点调节器，否则将导致分析结果不准确。将选择开关置于"pH 滴定"或"mV 滴定"处。

（5）根据滴定的性质和电极的连接情况，将极性开关置于" + "或" - "处。或者是比较起始电位值与终点电位值的大小。若前者大于后者，极性开关指向" - "，反之，则指向" + "。

（6）将滴定剂装入滴定管，电磁阀的橡皮管上端与滴定管出口相连接，下端连接一毛细玻璃管作滴定管，其出口高度应比指示电极的敏感部分中心稍高一些，使溶液滴出时能顺着搅拌的方向，首先接触到指示电极，以提高测量精密度。

（7）将工作选择开关置于"手动"处，调节电磁阀的支头螺丝，使按下滴定开关时，有适当流速的滴定剂流出，以每秒 1 ~ 2 滴为宜。再将工作选择旋钮置"滴定"处。

（8）将盛有试液的烧杯置于滴定台上，放入搅拌子，浸入电极，搅拌并调节至适当的搅拌速度。

（9）读取滴定剂体积的初始读数，揿下读数开关和滴定开关，约 2 秒终点指示灯亮，滴定指示灯时亮时暗。逆时针转动预控制器，使滴定剂快速滴下，当指针与终点 pH 值相差 1 ~ 3 个单位或终点电位值差 100 ~ 300mV 时，顺时针转动预控制器，使滴定速度减慢。当指针指到终点值时，滴定指示灯熄灭，约 10 秒后终点指示灯也熄灭，表示滴定结束，读取滴定剂的体积读数。

（10）完成滴定后，关闭全部电路开关和滴定活塞，旋松电磁阀的支头螺丝，取下电极淋洗其表面，分别按不同要求浸入蒸馏水、溶液或贮于盒子中。

（11）进行手动电位滴定时，操作步骤基本与自动电位滴定相同，工作选择旋钮置于"手动"处，不需设定终点值，通过用手揿下滴定开关的时间长短，操纵电磁阀，并记下 pH（或 mV）值随滴定体积的变化情况。

（余邦良）

第六节　毛细管电泳仪

毛细管电泳（capillary electrophoresis，CE）也称为高效毛细管电泳（high performance capillary electrophoresis，HPEC）是根据待分离样品中各组分的电荷、分子量、等电点、极性等特性不同所造成的样品中各组分之间淌度和分配行为的差异，以毛细管为分离通道，高压直流电场为驱动力的新型液相分离分析技术。毛细管电泳是电泳和现代色谱相结合交叉的产物。

一、毛细管电泳仪的基本构造

毛细管电泳装置由进样系统、分离系统、检测系统、数据处理系统四大部分所组成，如图 2 – 8 所示。

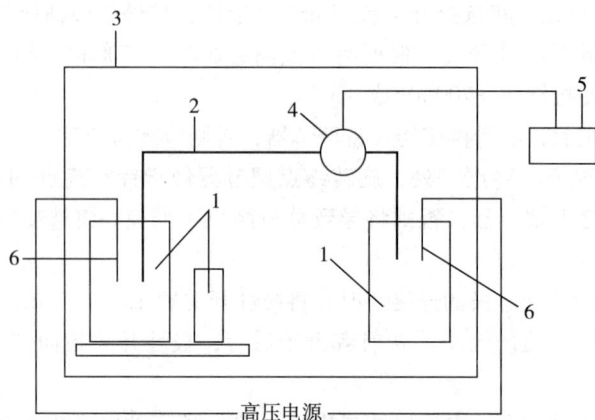

图 2 – 8　毛细管电泳仪示意图

1. 电解液槽及进样系统；2. 毛细管；3. 恒温系统；4. 检测器；5. 记录和数据处理系统；6. 铂电极

（一）进样系统

毛细管的柱体积很小，整个进样系统和检测系统需要体积只能是纳升级或更少，因此一般采用无死体积进样，即毛细管直接与样品溶液接触，通过重力、电场力或其他驱动力等驱动样品进入毛细管中，并通过控制驱动力的大小或进样时间来控制进样量的多少。进样方式主要有压差进样、电动进样和扩散进样三种方式。

1. 压差进样　压差进样也称为压力进样或流体流动进样，毛细管中的流体具有流动性，当毛细管置于两种不同压力环境中时，会在毛细管的两端产生一个压力差，样品溶液在压差作用下进入毛细管。压差进样又分为正压力进样、负压力进样和虹吸进样。

2. 电动进样　电动进样指将毛细管入口端放入样品瓶中并在毛细管两端施加一定电压，毛细管中会产生电渗流，样品在电渗流和电迁移作用下进入毛细管。

3. 扩散进样　除了压力进样和电动进样，还可以利用浓差扩散的原理进行进样。当毛细管插入试样溶液中时，组分分子在毛细管口界面有一浓度差，从而扩散进入毛细管中。

（二）分离系统

毛细管电泳分离系统由高压电源、毛细管柱、缓冲溶液、恒温系统所组成。

1. 高压电源　高压电源为分离提供动力，是毛细管电泳分离体系中的重要组成部分，商品化仪器一般采用 0 ~ 30kV 的可调直流高压电源，大部分的电源都配有输出极性转换装置，以便根据需要选择正电压或负电压。仪器必须接地，在操作过程中要注意高压的安全防护。

2. 毛细管柱　毛细管柱是分离通道，是毛细管电泳的核心部件。毛细管柱必须是化学和电惰性的，且能透过紫外光和可见光，通常由玻璃、石英、聚四氟乙烯等组成，目前普遍采用的是外面涂有耐高温涂料的弹性熔融石英毛细管。

毛细管内径的选择需要考虑分离效率和检测灵敏度，一般在 $25 \sim 75\mu m$ 之间，有效长度为 $30 \sim 70cm$，凝胶柱在 $20cm$ 左右。

毛细管电泳通常采用柱上检测，需将检测点外涂层刮去，使光线能透过窗口，检测到样品。未涂渍的毛细管在第一次使用之前应清洗毛细管内壁并用 $5 \sim 15$ 倍体积的稀 NaOH 溶液活化，再分别用 $5 \sim 15$ 倍体积的水和缓冲溶液冲洗。

3. 缓冲溶液　缓冲溶液的选择要注意：①由于电解引起的 pH 微小变化会导致实验重复性变差，因此需控制缓冲溶液 pH 在电解质的 pK_a 左右，即缓冲容量范围内，此时具有较好的缓冲能力；②选择分子量大、电荷小的缓冲溶液，会因为淌度低从而减小电流的产生；③选择在检测波长处，无吸收或吸收较低的缓冲溶液；④选择合适 pH 的缓冲溶液，为达到有效进样和有适宜电泳淌度的目的，缓冲溶液的 pH 值至少比被分析物质等电点低或高一个 pH 单位；⑤缓冲盐的浓度要合适，浓度太低实验不稳定且重复性差，浓度太高会使焦耳热增高，分离效率低且电渗流会降低导致分析时间延长；选用与溶质电泳淌度相近的缓冲溶液减小电分散作用所引起的区带展宽；⑥化学惰性、机械稳定性好。

同时缓冲溶液的选择根据样品的性质不同而不同：如酸性组分可选择碱性介质缓冲溶液；碱性组分可选择酸性介质缓冲溶液；两性组分如蛋白质、氨基酸、多肽等则既可以选择酸性介质缓冲溶液，也可以选择碱性介质缓冲溶液。

4. 恒温系统　当温度变化时，溶液的黏度发生变化，迁移时间也发生变化，则不易获得迁移时间的重现性，因此毛细管电泳系统需要在恒温条件下使用，可采用空气恒温或液体恒温控制焦耳热。

（三）检测系统

检测器是毛细管电泳系统中的核心部件之一，由于毛细管内径一般在 $25 \sim 75\mu m$，溶质区带体积很小，因此要求检测器的灵敏度必须高。通常有紫外 – 可见吸收检测器、激光诱导荧光检测器、电化学检测器、质谱检测器等。紫外 – 可见吸收检测器和激光诱导荧光检测器一般进行柱上检测，以减小谱带展宽，这是目前使用最广的检测器，紫外检测器通用性好，但是柱上检测灵敏度低，激光诱导荧光检测器灵敏度较高，但样品需要衍生；而电化学检测器、质谱检测器均为柱后检测器，都是具有高灵敏度的检测器。

（四）数据处理系统

毛细管电泳数据处理系统和色谱仪相类似，多采用计算机及专用软件进行分析处理并显示出结果或打印出来，谱图同色谱图相类似。

二、毛细管电泳仪的操作

（一）开机

1. 接通电源，打开毛细管电泳仪开关，打开计算机，点击桌面 32Karat 操作软件图标，点击 DAD 检测器图标，进入毛细管电泳仪控制界面。

2. 将分别装有 0.1mol/L 盐酸水溶液、1mol/L 氢氧化钠水溶液、运行缓冲液 A、重蒸水依次放入左边缓冲溶液托盘并记录对应的位置。

3. 将装有运行缓冲液 A 及空的缓冲溶液瓶放入右边缓冲液托盘，记录对应的位置。

4. 将装有待检测样品的缓冲液放入左侧样品托盘，记录对应的位置。

5. 检查卡盘和样品托盘是否正确安装。关好托盘盖，注意直接控制图像屏幕上是否显示卡盘和托盘已安装好。此时应能听到制冷剂开始循环的声音。

（二）石英毛细管的处理

1. 在直接控制屏上点击压力区域，出现对话框。

2. 设置 Pressure、Duration、Pressure Type、Tray Positions 等参数。点击 OK，瓶子移到指定的位置，开始冲洗。

（三）编辑方法

1. 先进入 32 Karat 主窗口，用鼠标右键单击所建立的仪器，选择 Open Offline，几秒钟后会打开仪器离机窗口。

2. 从文件菜单选择 File Method New，在方法菜单选择 Method Instrument Setup 进入方法的仪器控制和数据采集模块。选择其中一个为 "Initial Condition"（初始条件）的选项卡，计入初始条件对话框。在这个对话框中输入用于仪器开始运行时的参数。

（四）编辑 sequence

1. 从仪器窗口选择 File/Sequence/New，打开序列向导，按要求选择。

2. 点击 Finish，出现新建的序列表。

3. 另存 Sequence。

（五）系统运行

1. 在系统运行前，检查仪器的状态：检测器配置是否正确；灯是否正确；样品和缓冲液放置是否正确。

2. 从菜单选择 Control/Single Run 或点击图标，打开单个运行对话框。

3. 在仪器窗口的工具条上点击绿色的双箭头，打开运行序列对话框。

（六）关机

1. 关闭氙灯。

2. 点击 Load，使托盘回到原始位置。

3. 打开托盘盖，待冷凝液回流后关闭控制界面。

4. 关闭毛细管电泳仪开关，关闭计算机，切断电源。

（七）注意事项

仪器运行过程中产生高压，严禁打开托盘盖。

（周锡兰）

第七节　气相色谱法和气相色谱仪

一、气相色谱法简介

气相色谱法能对气体物质或可在一定温度下气化的物质进行分离检测。当样品经进样器在载气的带动下进入填充有固定相的色谱柱，由于试样中各组分在气相和固定液液相间的分配系数不同（虽然载气流速相同），各组分在色谱柱中的移动速度不同，经过一定时间的流动后，各组分相互分离，并按一定顺序从色谱柱中流出，进入检测器，得到相应的电信号。电信号再经过放大后，转变为色谱信号由记录器或积分仪记录。根据色谱峰的出峰位置及峰高或峰面积可对各组分进行定性和定量分析。

气相色谱法是以惰性气体作为流动相，并采用固体吸附剂或涂渍高沸点有机化合物固定液的固体载体作为固定相的柱色谱分离技术。气相色谱法对样品的适用性较广，可分析气体、液体、固体及固体中包含的气体。

二、气相色谱仪工作流程图

气相色谱仪流程图见图2-9。

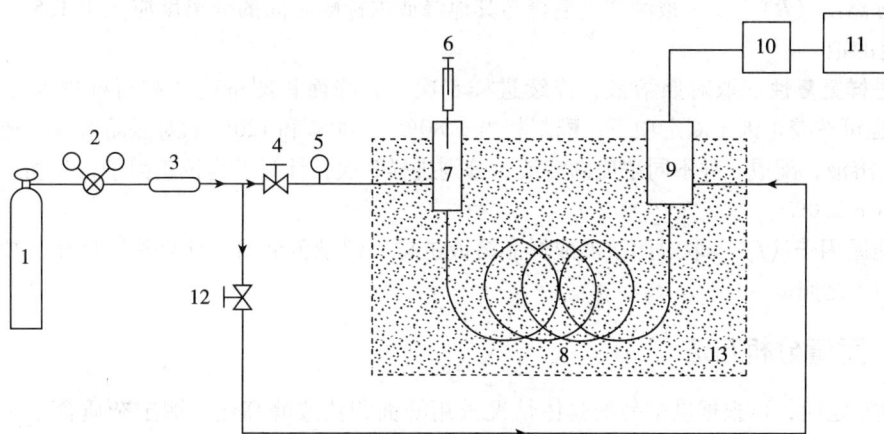

图2-9　气相色谱仪流程图

1. 载气钢瓶；2. 减压阀；3. 气体净化柱；4. 稳压阀；5. 压力表；6. 进样器；7. 气化室；
8. 色谱柱；9. 检测器；10. 放大器；11. 数据处理系统；12. 针型阀；13. 柱温箱

三、仪器的一般要求

气相色谱仪是一个载气连续运行的密闭系统。因此，系统的密闭性、载气流速的稳定性和流量测量的准确性对气相色谱仪的性能都有重要的影响。流动相惰性载气需要经净化器进行净化，以除去载气中的水、氧等杂质。气相色谱柱分非极性、中等极性、极性三类，每类又有不同小类，对于不同的目标分析物，应选择与其相适用的色谱柱。填充剂的选择基本原则通常是要求待测物质极性和色谱柱极性相匹配。在气相色谱分析操作条件中，温度是非常重要的影响因素，气化室、色谱柱和检测器工作时有不同的温度要求，要用恒温器分别准确控制它们的温度。

检测器是色谱仪的关键部件，根据检测原理的不同，检测器可分为浓度敏感型和质量敏感型，各种检测器的应用范围不同。火焰离子化检测器对大多数有机化合物都有很高的灵敏度，是目前应用最广泛的检测器之一。检测器温度一般高于柱温，并不得低于100℃，以避免水汽凝结，通常为250～350℃。

药典各品种项下规定的条件，除检测器种类、固定液种类及特殊指定的色谱柱材料不得任意改变外，其余如色谱柱内径、长度、载体牌号、粒度、固定液涂布浓度、载气流速、柱温、进样量等，均可适当改变，以适应具体品种并符合系统适用性试验的要求。一般气相色谱图约于 30 分钟内记录完毕。

四、系统适用性试验

用规定的对照品对仪器进行试验和调整，分析测试色谱柱的理论板数、分离度、重复性和拖尾因子，以达到规定的要求，保证分析的精确性。

1. 色谱柱的理论板数（n） 在选定的条件下，注入各品种项下规定的供试品溶液或内标物质溶液，记录色谱图，计算色谱柱的理论板数。如果测得理论板数低于规定的理论板数，应改变色谱柱的某些条件（如柱长、载体性能、色谱柱充填的优劣等），使理论板数达到要求。

2. 分离度（R） 要求被测物色谱峰与其他峰或内标峰之间的分离度应大于 1.5 或各品种项下规定的值。

3. 进样重复性 取对照溶液，连续进样 5 次，其峰面积测量值的相对标准偏差应小于 2.0%。也可按校正因子测定项下，配制相当于 80%、100% 和 120% 的对照品溶液，加入规定量的内标溶液，配成 3 种不同浓度的溶液，分别进样 3 次，计算平均校正因子，其相对标准偏差也应小于 2.0%。

4. 拖尾因子（f_s） 取对照溶液或样品溶液进样，记录色谱图，计算拖尾因子，要求 f_s 在 0.95~1.05 之间。

五、定量分析方法

定量测定时，可根据供试品的具体情况采用峰面积法或峰高法。测定杂质含量时，须采用峰面积法。

1. 归一化法 归一化法是一种常用的气相色谱定量分析方法。该方法应用条件是：样品中各组分都能够流出色谱柱，并在所选检测器上都有信号（即各个组分在色谱图中都有色谱峰）。

当以峰面积为测定参数时，归一化法的公式为：

$$x_i = \frac{A_i f_i}{A_1 f_1 + A_2 f_2 + \cdots + A_n f_n} \qquad (2-2)$$

式中，x_i 为任一组分 i 在试样中的含量，A_i 为 i 组分的峰面积，f_i 为 i 组分的定量校正因子。若色谱峰很窄，则可以用峰高来进行定量分析，式（2-2）可变化为：

$$x_i = \frac{h_i f_{h_i}}{h_1 f_{h_1} + h_2 f_{h_2} + \cdots + h_n f_{h_n}} \qquad (2-3)$$

式中，h_i 为 i 组分的峰高，f_{hi} 为 i 组分的峰高校正因子。

归一化法具有操作简便、准确的特点，且操作条件对测定结果影响较小，因此对多组分试样更加适用。

2. 内标法 内标法又称为已知浓度试样对照法。该方法的适用范围更广，对组分不能全部流出色谱柱，或者不是所有组分都能产生信号，或者只要求检测样品中某几个组分的样品，都能适用。内标法是以一定量的纯物质（样品中原本不含该物质）为内标物，加入到精确称量的样品中，根据被测组分和内标物的峰面积之比，再结合内标物和样品的质量，计算出被测组分的含量，计算公式如下：

$$x_i = \frac{m_i}{m} \times 100\% \qquad (2-4)$$

由于 $m_i = f_i A_i$，$m_s = f_s A_s$，所以式（2-4）可变为：

$$x_i = f_{i,s} \frac{A_i m_s}{A_s m} \times 100\% \qquad (2-5)$$

式中，m_s 为内标物的质量；m 为被测组分的质量；A_s 为内标物的峰面积；A_i 为被测组分的峰面积；$f_{i,s}$ 为被测组分 i 和内标物 s 的校正因子的比值。

对批量样品进行分析时，通常采用内标标准曲线法进行定量测定。由式（2-5）可知，对于给定物质和内标物，如果每次都称取相同量的样品，且加入内标物的量恒定，则式中 $f_{i,s} \times \frac{m_s}{m}$ 为一常数，用 K 表示。则式（2-5）可表示为：

$$x_i = K \frac{A_i}{A_s} \qquad (2-6)$$

可见，被测组分含量与 A_i/A_s 成正比关系。

内标物的选择应满足 4 点要求：①所选内标物为样品中不存在的物质；②与样品完全互溶，且与试样中所含组分有不同出峰位置的色谱峰；③内标物的加入量应与被测组分的量接近；④内标物色谱峰与被测组分色谱峰位置接近或在多个被测组分色谱峰之间。

3. 外标法　外标法也称为校准曲线法。该方法先用被测组分的已知对照物的纯物质配制一系列不同浓度的标准溶液，在一定条件下，对相同体积标准溶液进行色谱分析，以峰面积或峰高对含量绘制校准曲线。再在相同色谱条件下，取相同体积的被测样品进行色谱分析，根据所得峰面积或峰高，从校准曲线中查出（或根据校准曲线计算）被测组分含量。

当不同样品中的被测组分含量变化不大时，通常可采用单点比较法。配制与被测组分含量相近的标准溶液，将标样和样品在完全相同的色谱条件下进行色谱分析，然后根据样品和标样中 i 组分的峰面积（或峰高）的比值及标准溶液的浓度，可计算出被测组分含量。计算公式如下：

$$c_x = \frac{A_x}{A_s} c_s \qquad (2-7)$$

式中，c_x 为被测组分 x 的含量；c_s 为标样的含量；A_s 为标样的峰面积；A_x 为试样中被测组分 x 的峰面积。

外标法简单、不需要校正因子，但对测试条件和进样量有严格要求。

六、气相色谱仪操作

1. 准备

（1）准备所需的载气，并检测气体压力，应不小于 980kPa。

（2）根据待检样品的需要更换合适的色谱柱（注意方向）。

（3）配制样品和标准溶液（也可在平衡系统时配制）。

（4）检查仪器各部件的电源线、数据线及各管路是否连接正常。

（5）打开气阀，打开净化器上的载气开关阀，然后检查是否漏气，保证气密性良好。

（6）调节总流量为适当值，一般在 0.3~0.5MPa，调节柱前压处在分析时所需压力。

2. 开机　接通电源，双击工作站图标，选择方法，根据分析要求设定实验参数，包括进样口温度、分流比、柱子型号、柱温、汽化温度、检测温度等参数，按确定键后仪器开始升温。

3. 进样　仪器在升温状态中，等待指示灯亮。达到设定状态，就绪指示灯亮，观察基线是否平稳，基线平稳则可以进样。

4. 关机

（1）实验结束后，先熄火，再关闭氢气和空气。

（2）随即关闭进样口、恒温箱和检测器等。

（3）待各部分温度降到50℃以下后，退出工作站，关闭电脑。

（4）最后关闭气相色谱电源，关载气。清理进样针、样品等，结束实验。

（曾　艳）

第八节　高效液相色谱法和高效液相色谱仪

一、高效液相色谱法简介

高效液相色谱法是用高压输液泵将具有不同极性的单一溶剂或不同比例的混合溶剂、缓冲液等流动相泵入装有固定相的色谱柱，经进样阀注入供试品，由流动相带入色谱柱内，在色谱柱内各成分被分离后，依次进入检测器，色谱信号由记录仪或积分仪记录。

高效液相色谱法是以液体作为流动相，并采用颗粒极细的高效固定相的柱色谱分离技术。高效液相色谱对样品的适用性广，不受分析对象挥发性和热稳定性的限制，因而弥补了气相色谱法的不足。在目前已知的有机化合物中，可用气相色谱分析的约占20%，而80%则需用高效液相色谱来分析。

二、高效液相色谱仪流程图

高效液相色谱仪流程图见图2-10。

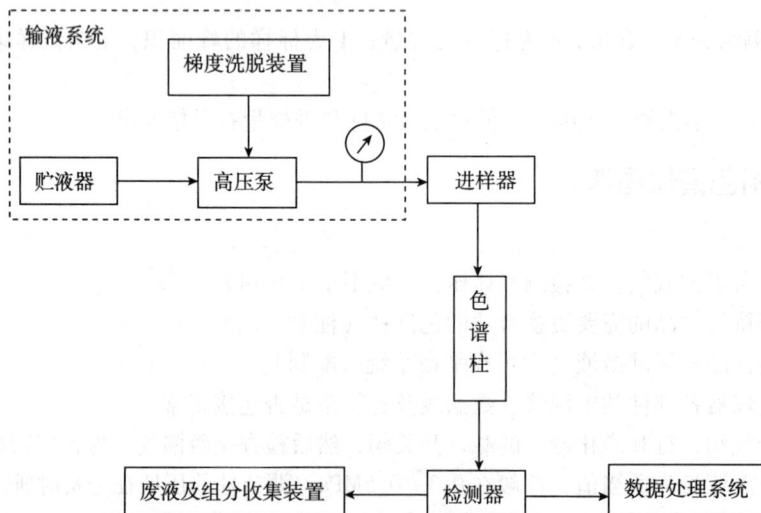

图2-10　高效液相色谱仪流程图

三、仪器的一般要求

高效液相色谱仪色谱柱的填充剂和流动相的组分应按各品种项下的规定。常用的色谱柱填充剂有硅胶和化学键合硅胶。后者以十八烷基硅烷键合硅胶最为常用，辛烷基硅烷键合硅胶次之，氰基或氨基键合硅胶也有使用。离子交换填充剂用于离子交换色谱；凝胶或玻璃微球等填充剂用于分子排阻色谱等。除另有规定外，柱温为室温，检测器为紫外吸收检测器。在用紫外吸收检测器时，所用流动相应符合《中国药典》（2015 年版）紫外分光光度法项下对溶剂的要求。

正文中各品种项下规定的条件除固定相种类、流动相组分、检测器类型不得任意改变外，其余如色谱柱内径、长度、固定相牌号、载体粒度、流动相流速、混合流动相各组分的比例、柱温、进样量、检测器的灵敏度等，均可适当改变，以适应具体品种并达到系统适用性试验的要求。一般色谱图约于 20 分钟内记录完毕。

四、系统适用性试验

按药典各品种项下要求对仪器进行系统适用性试验，即用规定的对照品对仪器进行试验和调整，应达到规定的要求；或规定分析状态下色谱柱的最小理论板数、分离度、重复性和拖尾因子，且均应符合规定。

五、定量分析方法

定量测定时，可根据供试品的具体情况采用峰面积法或峰高法。测定杂质含量时，须采用峰面积法。

1. 内标法加校正因子测定供试品中某个杂质或主成分含量　按各品种项下的规定，精密称（量）取对照品和内标物质，分别配成溶液，精密量取各溶液，配成校正因子测定用的对照溶液。取一定量注入仪器，记录色谱图。测量对照品和内标物质的峰面积或峰高，按式（2－8）计算校正因子：

$$校正因子\ (f_s) = \frac{A_s/C_s}{A_R/C_R} \qquad (2-8)$$

式中，A_s、A_R 分别为内标物质和对照品的峰面积或峰高；C_s、C_R 分别为内标物质和对照品的浓度。

再取各品种项下含有内标物质的供试品溶液，注入仪器，记录色谱图，测量供试品中待测成分（或其杂质）和内标物质的峰面积或峰高，按式（2－9）计算含量：

$$含量\ (C_x) = f_s \times \frac{A_x}{A_s/C_s} \qquad (2-9)$$

式中，A_x 为供试品（或其杂质）峰面积或峰高；C_x 为供试品（或其杂质）的浓度；f_s、A_s 和 C_s 的意义同式（2－8）。

当配制校正因子测定用的对照溶液和含有内标物质的供试品溶液使用同一份内标物质溶液时，则配制内标物质溶液时不必精密称（量）取。

2. 外标法测定供试品中某个杂质或主成分含量　按各品种项下的规定，精密称（量）取对照品和供试品，配制成溶液，分别精密取一定量，注入仪器，记录色谱图，测量对照品和供试品待测成分的峰面积（或峰高），按式（2－10）计算含量：

$$含量（C_x）= C_R \times \frac{A_x}{A_R} \qquad\qquad (2-10)$$

式中，各符号意义同式（2－8）和式（2－9）。

3. 加校正因子的主成分自身对照法 测定杂质含量时，可采用加校正因子的主成分自身对照法。在建立方法时，按各品种项下的规定，精密称（量）取杂质对照品和待测成分对照品各适量，配制测定杂质校正因子的溶液，进样，记录色谱图，按上述（1）法计算杂质的校正因子。此校正因子可直接载入各品种正文中，用于校正杂质的实测峰面积。

测定杂质含量时，按各品种项下规定的杂质限度，将供试品溶液稀释成与杂质限度相当的溶液作为对照溶液，进样，调节仪器灵敏度（以噪音水平可接受为限）或进样量（以柱子不过载为限），使对照溶液的主成分色谱峰高达满量程的10%～25%或其峰面积能准确积分（面积约为通常条件下满量程峰积分值的10%）。然后，取供试品溶液和对照品溶液适量，分别进样，供试品溶液的记录时间除另有规定外，应为主成分保留时间的若干倍，测量供试品溶液色谱图上各杂质的峰面积，分别乘以相应的校正因子后与对照溶液主成分的峰面积比较，依法计算各杂质含量。

4. 不加校正因子的主成分自身对照法 当没有杂质对照品时，可采用不加校正因子的主成分自身对照法。同上述"3."法配制对照溶液并调节仪器灵敏度后，取供试品溶液和对照溶液适量，分别进样，前者的记录时间除另有规定外，应为主成分保留时间的若干倍，测量供试品溶液色谱图上各杂质的峰面积并与对照溶液主成分的峰面积比较，计算杂质含量。

若供试品所含的部分杂质未与溶剂峰完全分离，则按规定先记录供试品溶液的色谱图Ⅰ，再记录等体积纯溶剂的色谱图Ⅱ。色谱图Ⅰ上杂质峰的总面积（包括溶剂峰），减去色谱图Ⅱ上的溶剂峰面积，即为总杂质峰的校正面积。然后依法计算。

5. 面积归一化法 由于峰面积归一化法测定误差大，因此，本法通常只能用于粗略考察供试品中的杂质含量。除另有规定外，一般不宜用于微量杂质的检查。方法是测量各杂质峰的面积和色谱图上除溶剂峰以外的总色谱峰面积，计算各峰面积占总峰面积的百分率即得。

由于微量注射器不易精确控制进样量，当采用外标法测定供试品中某杂质或主成分含量时，以定量环进样为好。

六、高效液相色谱仪的操作

1. 准备

（1）准备所需的流动相，用0.22μm或0.45μm的微孔滤膜过滤，超声脱气20分钟。

（2）根据待检样品的需要更换合适的色谱柱（注意方向）。

（3）配制样品和标准溶液（也可在平衡系统时配制），用0.22μm或0.45μm的微孔滤膜过滤。

（4）检查仪器各部件的电源线、数据线和输液管道是否连接正常。

（5）将管路的吸滤器放入装有准备好的流动相的储液瓶中。

2. 开机 接通电源，依次开启不间断电源、泵、检测器，待泵和检测器自检结束后，打开打印机、电脑显示器、主机，最后打开色谱工作站。

3. 参数设定

（1）波长设定：根据被分析物质的性质，设定相应的波长。

（2）流速设定：样品分析时流动相流速一般在 1ml/min 以下。

4. 排气泡

（1）转动泵的排液阀至 OPEN 位置，打开排液阀。

（2）按泵的"purge"键，"pump"指示灯亮，泵大约以 9ml/min 的流速冲洗，观察管路中无气泡后停止。

（3）将排液阀顺时针旋转到"CLOS"位置，关闭排液阀。

（4）如管路中仍有气泡，则重复以上操作直至气泡排尽。

5. 平衡系统

（1）启动泵，用检验方法规定的流动相冲洗系统，一般需 8 倍柱体积的流动相。

（2）检查各管路连接处是否漏液，如漏液应予以排除。

（3）观察泵控制屏幕上的压力值，压力波动应不超过 5~10psi；如超过则可初步判断为柱前管路仍有气泡，须重新排出气泡。

（4）打开"在线色谱工作站"软件，输入实验信息并设定各项方法参数后，按下"数据收集"页的"查看基线"按钮。

（5）观察基线变化：如果冲洗至基线漂移 <0.01mV/min，噪声为 <0.001mV 时，可认为系统已达到平衡状态，可以进样。

6. 进样

（1）进样前按检测器"zero"键调零，按软件中"零点校正"按钮校正基线零点，再按一下"查看基线"按钮使其弹起。

（2）用试样溶液清洗进样器，并排除气泡后抽取适量。在进样阀"LOAD"位置下注入，然后向下旋转进样阀至"INJECT"位置，开始记录图谱。

（3）分析时，先将对照品溶液注入高液液相色谱仪，待其检测完毕后，再将样品按同样的方法注入高效液相色谱仪，重复进行 2~3 次即可。

7. 结束

测量完毕后，先用流动相冲洗系统约 30 分钟，再用纯甲醇（或乙腈）冲洗仪器30~60 分钟；如果检测样品的流动相中有缓冲盐类则先用含有 90% 水的甲醇进行冲洗，再用纯甲醇冲洗，冲洗完毕后先关检测器，再关输液泵、柱温箱，后关闭电脑和打印机。

（余邦良）

第九节　722 型分光光度计

一、仪器结构

722 型光栅分光光度计由光源、单色器、样品室、光电管暗盒、电子系统及数字显示器等部件组成。仪器的工作原理见图 2-11，仪器外形图见图 2-12。

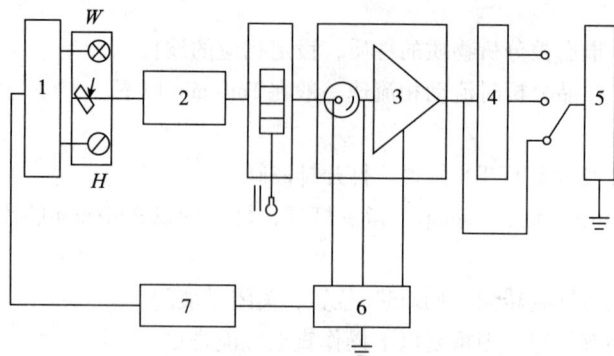

图 2-11　722 型光栅分光光度计工作原理示意图

1. 钨灯氢弧灯电源；2. 单色器；3. 放大器；4. 对数放大器；5. 显示；6. 稳压源；7.220V 电源

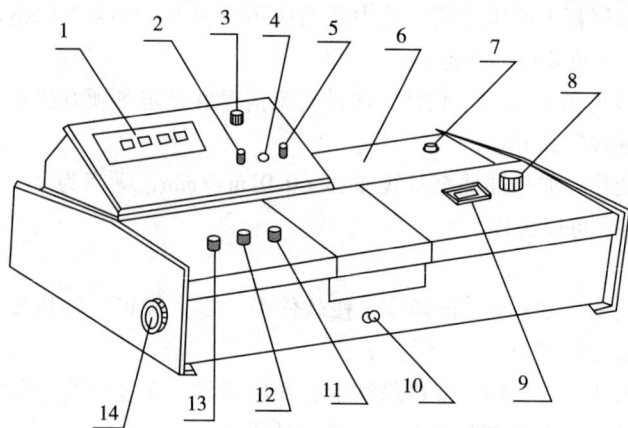

图 2-12　722 型光栅分光光度计仪器外形图

1. 数字显示器；2. 吸光度调零旋钮；3. 选择开关；4. 吸光度调斜率电位器；5. 浓度旋钮；6. 光源室；
7. 电源开关；8. 波长手轮；9. 波长刻度窗；10. 试样架拉手；11.100% T 旋钮；12. 0% T 旋钮
13. 灵敏度调节旋钮；14. 干燥器

二、操作方法

（1）将灵敏度旋钮调置"1"档。（放大倍率最小）

（2）按"电源"开关，将仪器预热 20 分钟。

（3）选择所需要的波长。

（4）将装有溶液的比色皿放入比色皿架中。

（5）选择光标置于"T"。

（6）打开样品室盖（光门自动关闭），调节"0%"（T）旋钮，使数字显示字为"000.0"。

（7）盖上样品室盖，将参比溶液比色皿置于光路，调节透光率"100%"旋钮，使数字显示为"100.0%（T）"。

（8）将被测溶液置于光路中，数字显示器上直接读出被测溶液的透光率（T）值。

（9）吸光度 A 的测量：参照"6"和"7"，调整仪器的"000.0"和"100.0"。将移动光标置于"A"。旋动吸光度调零旋钮，使得数字显示为"0.000"，然后移入被测溶液，显示值即为试样的吸光度 A 值。

（10）浓度 C 的测量：选移动光标由 "A" 旋至 "C"，将已标定浓度的溶液移入光路，调节 "浓度" 旋钮使得数字显示为标定值。将被测溶液移入光路，即可读出相应的浓度值。

（11）由于波长由长波向短波或短波向长波移动时，光能量变化急剧，使光电管受光后响应缓慢，需移光响应平衡时间，所以如果大幅度改变测试波长时，必须先打开比色皿暗箱盖，波长调整后需要等数分钟后，才能正常工作。

（12）仪器在使用时，应常参照本操作方法中 "6" 和 "7" 进行调透光率 "000.0" 和 "100.0" 的操作。

（13）每台仪器所配套的比色皿不能与其他仪器上的比色皿单个调换。

（14）本仪器数字显示器背部带有外接插座，可输出模拟信号。插座 1 脚为正，2 脚为负接地线。

三、722S 分光光度计测定吸光度的使用方法

（1）预热：打开样品室盖，开机预热 15 分钟。

（2）调整波长：旋动仪器上唯一的旋钮即可，具体波长由旋钮左侧的显示窗显示，读出波长时目光应垂直观察。同时将参比溶液和被测溶液放入样品槽。

（3）按 "MODE" 键将光标移到 "T"。

（4）调零：按 "0%" 键，即能自动调整零位。

（5）调 "100%T" 盖上样品室盖，按下 "100%T" 键即能自动调整 "100%T"，若有误差可间隔几秒再按一次。

（6）按 "ODE" 键将光标移到 "ABS"。

（7）改变试样槽位置让不同样品进入光路：测试样品由试样槽拉杆来控制，当拉杆到位时有定位感，到位时请前后轻轻推动一下以确保定位准确。

（余邦良）

第十节　752 型紫外分光光度计

一、752 型紫外光栅分光光度计外形图

752 型紫外光栅分光光度计外形图见图 2 - 13。

二、测定吸光度的使用方法

（1）打开仪器电源预热 20 分钟。

（2）调整波长：旋动仪器上唯一的旋钮即可，具体波长由旋钮左侧的显示窗显示，读出波长时目光应垂直观察。同时将参比溶液和被测溶液放入样品槽。

（3）按 "MODE" 键将光标移到 "T"。

（4）调零：按 "0%" 键，即能自动调整零位。

（5）调 "100%T" 盖上样品室盖，按下 "100%T" 键即能自动调整 "100%T"，若有误差可间隔几秒再按一次。

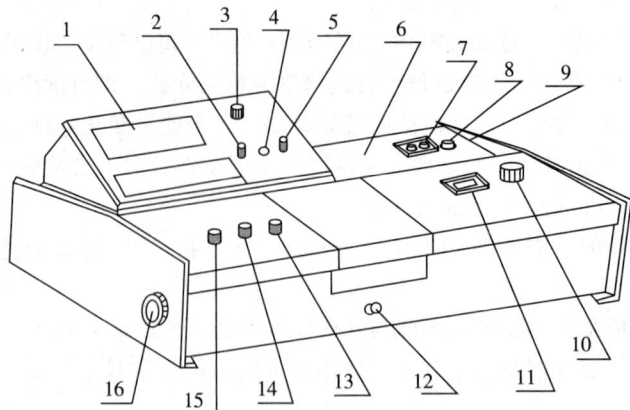

图 2 – 13   752 型紫外分光光度计外形图

1. 数字显示器；2. 吸光度调零旋钮；3. 选择开关；4. 吸光度调斜率电位器；5. 浓度旋钮；6. 光源室；
7. 电源开关；8. 氢灯电源开关；9. 氢灯触发按钮；10. 波长旋钮；11. 波长刻度窗；12. 试样架拉手；
13. 100% T 旋钮；14. 0% T 旋钮；15. 灵敏度分档开关；16. 干燥器

（6）按"MODE"键将光标移到"ABS"。

（7）改变试样槽位置让不同样品进入光路：测试样品由试样槽拉杆来控制，当拉杆到位时有定位感，到位时请前后轻轻推动一下以确保定位准确。

（余邦良）

第十一节   红外光谱仪

测定物质红外吸收光谱的仪器主要有两种类型：光栅色散型红外光谱仪和傅里叶变换红外光谱仪。傅里叶变换红外光谱仪具有分析速度快、灵敏度高、分辨率高以及良好的波长精度等优点，在很大程度上已逐渐取代了色散型红外光谱仪。

一、色散型红外分光光度计

色散型红外光谱仪和紫外 – 可见分光光度计相似，也是由光源、单色器、试样室、检测器和记录仪等组成，见图 2 – 14。大多数色散型红外分光光度计一般都是采用双光束测量以消除 CO_2 和 H_2O 等大气气体引起的背景吸收。光源发出的光对称的分为两束，一束透过试样池，另一束透过参比池，两光束再经半圆扇形镜调制后交替通过单色器，被检测器检测。当试样光束与参比光束强度相等时，检测器不产生交流信号；当试样有吸收，两光束强度不等时，检测器产生与光强差成正比的交流信号，从而获得红外吸收光谱。

（一）光源

红外光谱仪中所用的光源是通过用电加热一种惰性固体使之产生高强度的连续红外辐射。炽热固体的温度一般为 1500 ~ 2200K，最大辐射强度在 5000 ~ 5900cm^{-1} 范围内。目前常用的光源主要有能斯特灯和硅碳棒。

能斯特灯（Nernst glower）主要由混合的稀土金属（锆、钍、铈）氧化物制成。它有负的电阻温度系数，在室温下为非导体，当温度升高到大约500℃以上变为半导体，在700℃以上变成导体。硅碳棒（globar）由碳化硅烧结而成。工作温度一般为1300～1500K。碳化硅有升华现象，使用温度过高将缩短碳化硅的寿命，同时会污染附近的染色镜。硅碳棒发光面积大，价格便宜，操作方便，使用波长范围较能斯特灯宽。

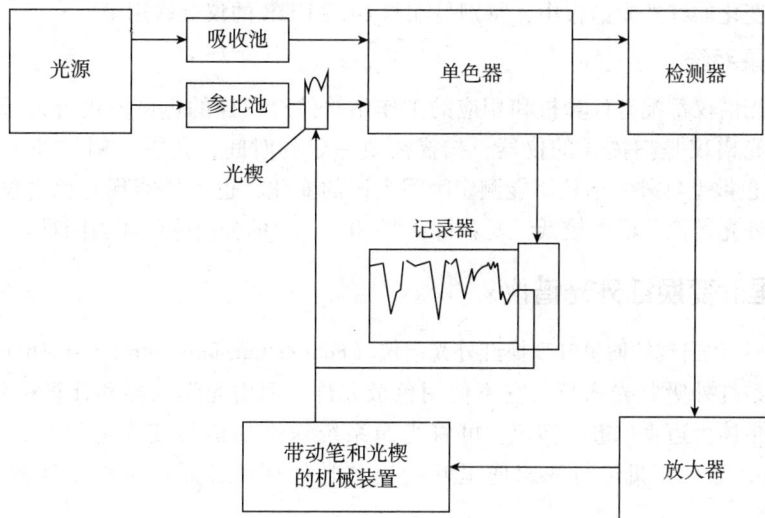

图 2－14　色散型红外吸收光谱仪的基本组成

（二）吸收池

红外光谱仪能测定固、液、气态样品。气体样品一般注入抽成真空的气体吸收池进行测定；液体样品可滴在可拆池两窗之间形成薄的液膜进行测定；溶液样品一般注入液体吸收池中进行测定；固体样品最常用压片法进行测定。因玻璃、石英等材料不能透过红外光，红外吸收池要用可透过红外光的 NaCl、KBr、CsI 等材料制成窗片。固体试样常与纯 KBr 混匀压片后直接测定。由于 KBr 在 $4000\sim400\,cm^{-1}$ 光区无吸收，因此可得到全波段的红外光谱图。

（三）单色器

单色器的作用是把进入狭缝的复合光色散为单色光，再射到检测器上检测。由色散元件、准直镜和狭缝构成。色散元件主要有棱镜和光栅。

（四）检测器

1. 真空热电偶　是色散性红外光谱仪中最常用的一种检测器。它利用不同导体构成回路时的温差电现象，将温差转变为电位差。当回路中有电流通过时，电流的大小会随着照射的红光的强弱而变化。真空热电偶检测器以一小片涂黑的金箔作为红外辐射的接收面，在金箔的另一面焊有两种不同的金属、合金或半导体作为热接点，而在冷接点端（通常为室温）连有金属导线。为了接收各种波长的红外辐射，在此腔体上对着涂黑的金箔开一小窗，黏以红外透光材料，如 KBr、CsI、KBS－5 等。当红外辐射通过此窗口射到涂黑的金箔上时，热接点温度升高，产生温差电势，在闭路的情况下，回路即有电流产生。

2. 热释电检测器　主要用于中红外傅里叶变换光谱仪中，这种检测器利用某些热电材料的晶体，如硫酸三甘氨酸酯（TGS）等，将其晶体放在两块金属板中，当红外光照射到晶体上时，引起温度升高，极化度改变，晶体表面电荷分布发生变化，通过外部连接的电路测量电流的变化实现检测。

3. 碲镉汞检测器　由半导体碲化镉和半金属化合物碲化汞混合制成，当半导体材料吸收辐射后，使某些价电子成为自由电子，从而降低了半导体的电阻。汞/镉碲化物作为敏感元件的光电导检测器提供了优于热电检测器的响应特征，它灵敏度高、响应速度快，广泛应用于多通道傅里叶变化的红外光谱仪中，特别是在与 GC-FTIR 的仪器联用中。

（五）记录系统

现代红外光谱仪都配有计算机和相应的工作站软件对试样的色谱图进行记录和分析。色散型红外吸收光谱仪是扫描式的仪器，扫描需要一定的时间，完成一幅红外光谱的扫描需 10 分钟。所以色散型红外光谱仪不能测定瞬间光谱的变化，也不能实现与色谱仪的联用。此外，色散型红外光谱仪分辨率较低，要获得 $0.1 \sim 0.2 cm^{-1}$ 的分辨率已相当困难。

二、傅里叶变换红外光谱仪

20 世纪 70 年代出现的傅里叶变换红外光谱仪（Fourier transform infrared spectrometer，FTIR）是一种非色散型红外吸收光谱仪，它不使用色散元件，而由光学探测和计算机两部分组成，光学探测系统主体为迈克尔逊干涉仪，可将光源系统送来的信号变为电信号，以干涉图形式送往计算机，经计算机进行快速傅里叶变换数学处理计算后，可将干涉图转换成红外光谱图。

傅里叶变换红外光谱仪由光源、迈克尔逊干涉仪、样品室、检测器、计算机系统和记录显示装置组成。图 2-15 是傅里叶变换红外光谱仪的光路示意图。

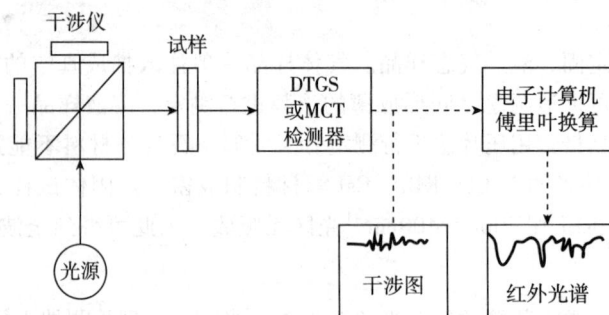

图 2-15　傅里叶变换红外光谱仪工作原理示意图

（一）傅里叶变换红外光谱仪的工作原理

由红外光源发出的红外光经准直为平行光束进入干涉仪，干涉仪由定镜、动镜和光束分离器组成，定镜固定不动，动镜和沿入射光方向做平行移动，光束分离器可让入射的红外光一半透光，另一半被反射，当光源的红外光进入干涉仪后，通过光束分离器的光束Ⅰ入射到动镜表面，另一半被光束分离器反射到定镜构成光束Ⅱ，光束Ⅰ、Ⅱ又会被动镜和定镜发射回到光束分离器，并通过样品室再被反射到检测器，当两束光到达检测器时，其光程差随动镜的往复运动周期性的变化，从而产生干涉现象。当两束光的光程差为 $\lambda/2$ 的偶数倍时，相干光相互叠加，产生明线，其相干光强度有极大值；当两束光的光程差为 $\lambda/2$ 的奇数倍时，相干光相互抵消，产生暗线，相干光强度有极小值。迈克尔逊（Michelson）干涉工作原理如图 2-16 所示。

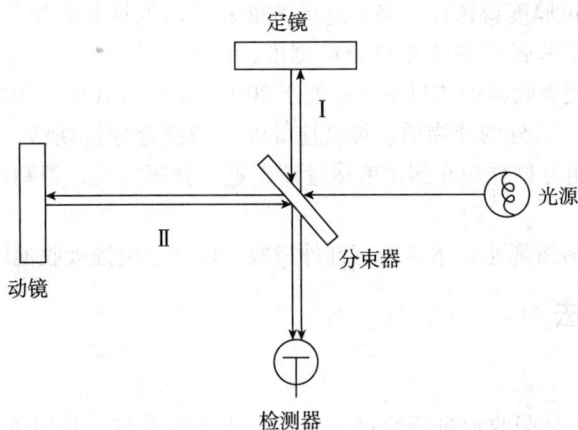

图 2-16　迈克尔逊（Michelson）干涉仪结构图

（二）傅里叶变换光谱仪的优点

1. 扫描速度极快　傅里叶变换红外光谱仪由于采用干涉仪分光，其扫描速度比色散型仪器快数百倍，一般只要 1 秒左右即可。而且在任何测量时间内都能获得辐射源的所有频率的全部信息，即所谓的"多路传输"。在相同的总测量时间和相同的分辨率条件下，傅里叶变换红外光谱法的信噪比比色散型的要提高数十倍以上。

2. 具有很高的分辨率　通常 Fourier 变换红外光谱仪分辨率达 $0.1 \sim 0.005\text{cm}^{-1}$，而一般棱镜型的仪器分辨率在 1000cm^{-1} 处有 3cm^{-1}，光栅型红外光谱仪分辨率也只有 0.2cm^{-1}。因此可以研究因振动和转动吸收带重叠而导致的气体混合物的复杂光谱。

3. 灵敏度高　傅里叶变换红外仪没有狭缝的限制，辐射通量只与干涉仪的平面镜大小有关，在同样的分辨率下，其辐射通量比色散型仪器大得多，从而使检测器接收的信噪比增大，因此具有很高的灵敏度，可检测 10^{-9}g 数量级的样品，特别适合测量弱信号光谱。

4. 研究的光谱范围很宽　一般的色散型红外分光光度计测定的波长范围为 $4000 \sim 400\text{cm}^{-1}$，而傅里叶变换红外光谱仪可以研究的范围包括中红外和远红外光区，即 $1000 \sim 10\text{cm}^{-1}$。还适合测定无机化合物和金属有机化合物。

三、仪器校正

使用聚苯乙烯薄膜（厚度约为 0.04mm）校正红外光谱仪，绘制其红外光谱图，用 3027cm^{-1}、2851cm^{-1}、1601cm^{-1}、1028cm^{-1}、907cm^{-1} 处的吸收峰对仪器的波数进行校正。傅里叶变换红外光谱仪在 3000cm^{-1} 附近的波数误差应不大于 $\pm 5\text{cm}^{-1}$，在 1000cm^{-1} 附近的波数误差应不大于 $\pm 1\text{cm}^{-1}$。

用聚苯乙烯薄膜校正时，仪器的分辨率要求在 $3110 \sim 2850\text{cm}^{-1}$ 范围内应能清晰地分辨出 7 个峰，峰 2851cm^{-1} 与谷 2870cm^{-1} 之间的分辨深度不小于 18% 透光率，峰 1583cm^{-1} 与谷 1589cm^{-1} 之间的分辨深度不小于 12% 透光率。仪器的标称分辨率，除另有规定外，应不低于 2cm^{-1}。

四、红外光谱法对试样的要求

红外光谱的试样可以是液体、固体或气体，一般要求为：

1. 样品浓度和测试厚度要选择适当。过低浓度和过薄的样品会使某些峰消失，得不到完整谱图，相反，会使某些强吸收峰超过表尺刻度，出现齐头峰，而无法确定它的真实峰位。一张好的红外谱图应使吸收峰的透过率大都处于 20% ~ 60% （10% ~ 80%）范围内。

2. 试样应该是单一组分的纯物质，纯度应 > 98% 或符合分析规格，才便于与纯物质的标准光谱进行对照。多组分试样应在测定前尽量预先进行分离提纯，否则各组分光谱相互重叠，致使谱图无法解析。

3. 试样中不应含有游离水。水本身有红外吸收，而且会侵蚀吸收池的盐窗。

五、制样的方法

（一）气体试样

气体样品一般用气体吸收池进行测试。先将气体池抽真空，利用负压将气体试样吸入池内。吸收峰的强度可以通过调整气体池内样品压力来改变。气体分子的密度比液体、固体小得多，因此气体样品要求有较大的样品光程长度。常规气体吸收池厚度为 10cm。气体样品应干燥且测定完要清洗气体池。

（二）液体试样

1. 液体池的种类 液体池的透光面通常是用 NaCl 或 KBr 等晶体做成。常用的液体池有三种，即厚度一定的密封固定池。

2. 液体试样的制备

（1）液膜法：在可拆池两窗之间，滴上 1 ~ 2 滴液体试样，使之形成 0.01 ~ 0.05mm 极薄的液膜。该法操作简便，适用于对高沸点及不易清洗的试样进行定性分析。

（2）溶液法：将液体（或固体）试样溶在适当的红外红溶剂中，如 CS_2、CCl_4、$CHCl_3$ 等，然后注入固定池中进行测定。该法特别适于定量分析。

（三）固体试样

固体试样的制备，除前面介绍的溶液法外，还有压片法、粉末法、糊状法、薄膜法、发射法等，其中尤以糊状法、压片法和薄膜法最为常用。

1. 压片法 压片法是固体样品红外光谱分析最常用的制样方法，凡易于粉碎的固体试样都可以采用此法。样品的用量随模具容量大小而异，样品与 KBr 的混合比例一般为（0.5 ~ 2）:100。压片时先将固体试样置于玛瑙研钵中研细，然后加 KBr 粉末，研磨到粒度小于 $2\mu m$ 后移入压片模具，抽真空，加压几分钟。混合物在压力下形成一透明小圆片，便可进行测试。

2. 粉末法 粉末法通常是把固体样品放在玛瑙研钵中研细至 $2\mu m$ 左右。然后把粉末悬浮在易挥发的液体中。把悬浮液移至盐窗上并赶走溶剂即形成一均匀的薄层，再进行扫描。

3. 糊状法 对于无适当溶剂又不能成膜的固体样品可采用此法。将 2 ~ 5mg 试样研磨成粉末（颗粒 < $20\mu m$），加一滴悬浮剂，继续研成糊状，类似牙膏，然后将其均匀涂于 KBr 盐片上。常用液体悬浮剂有液体石蜡、氟油。

4. 薄膜法 选择适当溶剂溶解试样，将试样溶液倒在玻璃片上或 KBr 窗片上，待溶剂挥发后生成一均匀薄膜即可测试。薄膜厚度一般控制在 0.001 ~ 0.01mm。薄膜法要求溶剂对试样溶解度好，挥发性适当。

六、供试品的制备及测定

1. 原料药鉴别 除另有规定外，应按照国家药典委员会编订的《药品红外光谱集》各卷收载的各光谱图所规定的方法制备样品。具体操作技术参见《药品红外光谱集》的说明。

采用固体制样技术时，最常碰到的问题是多晶现象，固体样品的晶型不同，其红外光谱往往也会产生差异。当供试品的实测光谱与《药品红外光谱集》所收载的标准光谱不一致时，在排除各种可能影响光谱的外在或人为因素后，应按该药品光谱图中备注的方法或各品种正文中规定的方法进行预处理，再绘制光谱，比对。如未规定该品供药用的晶型或预处理方法，则可使用对照品，并采用适当的溶剂对供试品与对照品在相同的条件下同时进行重结晶，然后依法绘制光谱，比对。如已规定特定的药用晶型，则应采用相应晶型的对照品依法比对。当采用固体制样技术不能满足鉴别需要时，可改用溶液法测定光谱后比对。

2. 制剂鉴别 品种鉴别项下应明确规定制剂的前处理方法，通常采用溶剂提取法。

提取时应选择适宜的溶剂，以尽可能减少辅料的干扰，并力求避免导致可能的晶型转变。提取的样品再经适当干燥后依法进行红外光谱鉴别。

3. 多组分原料药鉴别 不能采用全光谱比对，可借鉴"注意事项2（3）"的方法，选择主要成分的若干个特征谱带，用于组成相对稳定的多组分原料药的鉴别。

4. 晶型、异构体限度检查或含量测定 供试品制备和具体测定方法均按各品种项下有关规定操作。

七、注意事项

1. 各品种项下规定"应与对照的图谱（光谱集××图）一致"，系指《中国药典》各版所包含的红外图谱。同一化合物的图谱若在不同卷上均有收载时，则以后卷所收的图谱为准。

2. 药物制剂经提取处理并依法录制光谱，比对时存在如下四种可能：

（1）辅料无干扰，待测成分的晶型不变化，此时可直接与原料药的标准光谱进行比对。

（2）辅料无干扰，但待测成分的晶型有变化，此种情况可用对照品经同法处理后的光谱比对。

（3）待测成分的晶型不变化，而辅料存在不同程度的干扰，此时可参照原料药的标准光谱，在指纹区内选择 3~5 个不受辅料干扰的待测成分的特征谱带，以这些谱带的位置（波数值）作为鉴别的依据。鉴别时，实测谱带的波数误差应小于规定值的 0.5%。

（4）待测成分的晶型有变化，辅料也存在干扰，此种情况使问题变得复杂，故一般不宜采用红外鉴别。

3. 由于各种型号的仪器性能不同，供试品制备时研磨程度的差异或吸水程度不同等，均会影响光谱的形状。因此，进行光谱比对时，应考虑各种因素可能造成的影响。

（何　丹）

第十二节　930A 型荧光分光光度计

一、荧光分光光度计基本原理

在室温下绝大多数分子都处在基态的最低振动能级，当受到一定频率的电磁辐射照射时，便吸收与它的特征频率相一致的电磁辐射，其中某些电子由原来的基态能级跃迁到第一电子激发态或更高电子激发态中的各个不同振动能级。跃迁到较高能级的分子不稳定，很快通过振动弛豫、内转换等方式释放能量返回到第一电子激发态的最低振动能级，这种能量转移形式，称为无辐射跃迁。当高能级分子由第一电子激发态的最低振动能级返回到基态的任何振动能级，并以光的形式放出能量，这种光即为荧光。物质吸收的电磁辐射，称为激发光。

荧光分析法是利用荧光的强度和特征进行分析的方法。如果将激发光用单色器分光后，连续测定相应的荧光强度所得到的曲线，称为该荧光物质的激发光谱（excitation spectrum）。实际上荧光物质的激发光谱就是它的吸收光谱。在激发光谱中最大吸收波长处，固定波长和强度，检测物质会发射一定波长和强度的荧光，以波长为横坐标，荧光强度为纵坐标绘制所得到的曲线称为荧光发射光谱，简称荧光光谱（fluorescence spectrum）。

不同物质由于分子结构的不同，其激发态能级的分布具有各自不同的特征，这种特征反映在荧光上表现为各种物质都有其特征荧光激发和发射光谱，因此可以用荧光激发和发射光谱来定性地进行物质鉴定。在建立荧光分析法时，需根据激发光谱和荧光光谱来选择适当的激发波长和测定波长。

溶液的荧光强度（F）与该溶液的吸光程度及溶液中荧光物质的荧光量子产率有关。荧光定量分析基于式（2-11）：

$$F = 2.303 I_0 \varphi \varepsilon c l = kc \qquad (2-11)$$

式中，F 为荧光强度；I_0 为入射光强度；φ 为物质的荧光量子产率；ε 为摩尔吸光系数，l 为光程；c 为荧光物质的浓度。

以荧光强度 F 为纵坐标，c 为横坐标作图，即得标准曲线。测定样品的荧光强度 F 值后，根据标准曲线查得相应浓度，即可计算出含量。

荧光分析法具有灵敏度高、选择性强、需样量少和方法简便等优点，它的测定下限通常比紫外-可见分光光度法低 2~4 个数量级，是现代分析测试领域，尤其是痕量分析领域中重要分析仪器之一，广泛应用在药学、医学及临床检验、生命科学、食品等领域。

二、荧光分光光度计的基本结构

荧光分光光度计由激发光源、单色器、样品池和检测器组成。以下两图是 930A 型荧光光度计的外形图。

主视图见图 2-17，后视图见图 2-18。

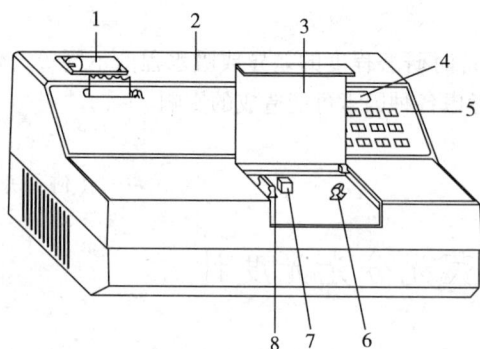

图 2-17　930A 型荧光光度计的主视图
1. 打印纸；2. 仪器罩盖；3. 样品室盖；
4. 显示；5. 键盘；6. 发射滤光片；
7. 样品池槽；8. 激发滤光片

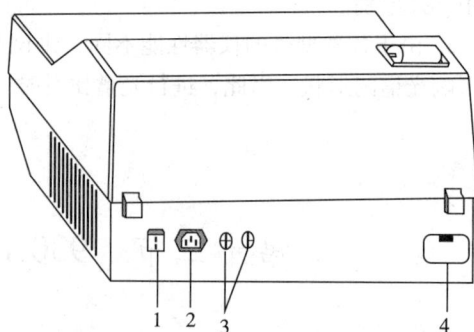

图 2-18　930A 型荧光光度计的后视图
1. 电源开关；2. 电源插座；
3. 保险丝座；4. RS232 接口

三、930A 型荧光光度计的使用方法

1. 开机　将电源线的两头分别接到仪器和 220V 的交流电源上，接通仪器的电源开关后，仪器显示"000"，即可根据需要对仪器进行各种设置并测量样品。

2. 键盘功能　见表 2 – 2。

表 2 – 2　930A 型荧光光度计的键盘功能

名称	功能	使用方法
"0~9"数字键	用于测量参数中数字的输入	按所需数字键并按"输入"键确认
"输入"键	用于确认各参数的输入	例：输入灵敏度 100，可依次按"灵敏度"、"100"和"输入"键
"灵敏度"键	设置放大器的增益	设置范围为 0~999
"测量"键	按本键后，仪器测出样品数据，并显示打印出来	按需要设定测量参数后，将被测样品放入样品室，直接按"测量"键即可
"荧光/浓度"键	用于切换显示荧光值或浓度值	按一次，浓度指示灯亮，显示浓度值；再按一次，荧光指示灯亮，显示荧光值
"标准"键	可拟合 1 次、2 次及点到点三种标准曲线	参见"样品的测量方法"

3. 样品的测量方法——荧光强度测量方法

本仪器在选定了被测样品所用的滤光片后，能方便地测量样品的荧光强度。操作步骤如下：

（1）将滤光片分别放入激光滤光片槽和发射滤光片槽。

（2）将放有被测样品的荧光比色皿放入比色皿架，盖上样品室盖。

（3）按"测量"键读出被测样品荧光强度值。若荧光读数较小，可用"灵敏度"键输入较大的灵敏度值，反之，若荧光读数较大，可输入较小的灵敏度值，再按"测量"键读出被测样品荧光强度值。

四、注意事项

1. 溶剂　溶剂能影响荧光效率、改变荧光强度，因此，在测定时必须用同一溶剂。

2. 样品浓度　在较浓的溶液中，荧光强度并不随溶液浓度呈正比，如石油样品，浓度过高荧光强度反而迅速下降。因此，必须确定与荧光强度呈线性的浓度范围。

3. 溶液的酸度　荧光光谱和荧光效率常与溶液的酸度有关，如罗丹明 B 样品，当溶剂是水的时候，水的 pH 值会很明显地影响其荧光强度和稳定性。因此，须通过试验，确定最适宜的 pH 值范围。

4. 温度　荧光强度一般随温度降低而升高，因此，有些荧光仪的液槽配有低温装置，使荧光强度增大，以提高测定的灵敏度。在高级荧光仪中，液槽四周有冷凝水并附有恒温装置，以便使溶液的温度在测定过程中尽可能保持恒定。

5. 受光时间　一些化合物需要一定时间才能形成荧光，而一些物质在激发光较长时间照射下会发生分解。因此，过早或过晚测定荧光强度均会带来误差。必须通过试验确定最适宜的测定时间，使荧光强度达到量大且稳定。为了避免光分解所引起的误差，应在荧光测定的短时间内才打开光闸，其余时间均应关闭。

6. 共存干扰物质 有些干扰物质能与荧光分子作用，使荧光强度显著下降，这种现象称为荧光猝灭（quenching）；有些共存物质能产生荧光或散射光，也会影响被测物质荧光的正确测量。故应设法除去干扰物，并使用纯度较高的溶剂和试剂。

（何 丹 佘邦良）

第十三节 原子吸收分光光度计

利用待测元素的共振辐射，通过其基态原子蒸气，测定其吸光度的装置称为原子吸收分光光度计。其基本结构包括光源、原子化器、分光系统和检测系统（图2－19）。原子吸收分光光度计主要用于微量、痕量元素分析，具有灵敏度高、精密度高和选择性好等优点。广泛应用于生命科学和医药学等领域。

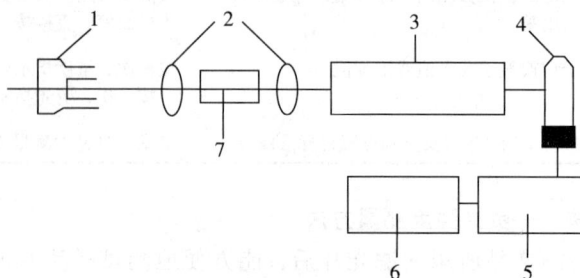

图2－19 原子吸收分光光度计示意图
1. 光源；2. 透镜；3. 单色器；4. 检测器；5. 放大装置；6. 显示装置；7. 原子化器

一、光源

原子吸收分光光度计的光源是空心阴极灯，由阳极、阴极、灯座和石英窗组成，内充低压惰性气体。两根钨棒封入管内，一根连有钛、钽等有吸气性能金属制成的阳极；另一根上镶有一个圆筒形的空心阴极，在圆筒内衬上或熔入待测元素。通电后，两个电极间加上一定的电压，灯点燃此时电子由阴极高速射向阳极。在此过程中，电子与惰性气体相碰撞，使其电离成正离子。在电场作用下，惰性气体正离子冲向阴极，猛烈地轰击阴极表面金属原子，使阴极表面的金属原子溅射。所溅射出来的金属元素在阴极附近受到高速电子及离子流的撞击而激发，随后立即从激发态返回到基态，发射出阴极金属元素的特征谱线。所以，每测定一种元素需要更换相应的空心阴极灯，这给使用带来了一些不便。目前已有多元素空心阴极灯，可以同时测定多种元素。

二、原子化器

原子化方法有火焰原子化法、石墨炉原子化法和低温原子化法等。其中石墨炉原子化效率高，几乎可以达到100%，试样用量少，尤其适用于有毒物质的分析。测定时，将样品用进样器定量注入石墨管中。石墨管上的热解涂层可防止石墨管氧化，延长石墨管的使用寿命。同时，涂层也可防止样品浸入石墨管，从而提高灵敏度和重复性。通电后石墨管作为电阻发热体，迅速升温，使试样达到原子化的目的。它由加热电源、保护气控制系统和石墨管组成。

外电源加于石墨管两端，供给原子化器能量，电流通过石墨管可产生高达3000K温度，使置于石墨管中被测元素热解变为基态原子蒸气。保护气控制系统是控制保护气的，保护气通常是惰性气体氩气。氩气通入可排出空气防止石墨管在高温状态下被迅速氧化，并在干燥、灰化阶段将基体组分及其他干扰物质从光路中除去。仪器启动，保护气氩气接通。外气路中的氩气沿石墨管外壁流动，以保护石墨管不被烧蚀，内气路的氩气从石墨管两端流向管中心，由管中心孔流出。但在原子化阶段，停止通气，以延长原子在石墨管内的停留时间，避免对原子蒸气的稀释。石墨管中的样品可以完全原子化，并在光路中停留较长时间，因而该法的灵敏度高。

三、测定原理

待测元素在石墨炉中被加热后，成为基态原子蒸气，对空心阴极灯发射的特征光谱进行选择性吸收。在一定浓度范围内，其吸收强度与供试液中待测元素的含量成正比。其定量关系符合朗伯－比耳定律：$A = -\lg I/I_0 = -\lg T = Kcl$，式中 I 为透射光强度；I_0 为发射光强度；T 为透射比；l 为光通过原子化器的光程，每台仪器的 l 值是固定的；c 是待测样品浓度；即 $A = K'c$。通过与待测元素的已知的标准溶液进行比较，采用标准曲线法即可计算出样品溶液中待测原子的含量。

四、原子吸收分光光度计的操作

1. 开氩气（保护石墨管）和冷却水。

2. 开主机电源，开石墨电源（注意先开三相电源）。

3. 开电脑，点击打开工作站软件。

4. 选灯

灯1：（根据待测元素的灯所在位置选定）；

灯2：在软件上选分析元素：选波长（最灵敏线）。

然后按下述设置仪器条件（以测铅原子为例）：

5. 点击"找峰"283.3±0.5测铅的最大值，找到后点击"确定"。

6. 调仪器灯位置使能量最大（主机上）。

7. 软件上：若能量不平衡点击"平衡"，使氘灯与元素灯（铅灯）能量相等。

8. 点击"增益"使能量到达"绿线"位置。

仪器条件如下：

模式：ABS——吸收	信号方式：AA——BG
EM——发射	波长：自动找283.30nm
信号处理：conT——	灯1电流：（测其他元素时预热）
HOLD——	
PEAK　HEIGHT——	扩展系数：放大倍数
PEAK　AREA——	（常选）平均次数：3

灯电流：默认2.00mA；负高压——增益后自动得到；积分时间——读2秒。

设置好后，点击"确认"。

9. 点击软件"方式选择"—石墨炉法—浓度法。

10. 点击软件"仪器条件"—"石墨炉条件"，石墨炉参数设置见表2-3。

表2-3 石墨炉参数设置

阶段	T（℃）	t（s）	保持（s）	内气	外气	原子气
1：干燥	90	40	10	1	1	—
2：干燥	150	5	10	1	1	—
3：灰化	550	5	10	1	0	—
4：原子化	2000	2	5	（否则吹跑原子）	—	0
5：清洗	2500	2	5	1	1	—
6：冷却	30	2	5	1	1	—

注："1"表示有气，"—"表示没有。

按表2-3设置好后，点击"发送"输出到高压包，按"结束"。

11. 点击"标准样"，输入各个标准品溶液的浓度，如：

(1) 0（即空白样品）

(2) 20

(3) 40

(4) 60

(5) 80

点击"确定"，结束设置

注：进不同浓度"标准样"—点"启动"—得到"标准曲线"；进样时，一次进样结束当听到提示音后方可进下一个样品。

12. 进"未知样"—启动—测定c—计算。

13. 数据存放、显示、打印。

（余邦良）

第三章　仪器分析基础实验

实验一　直接电位法测定溶液的 pH 值

一、实验目的

1. 了解 pH 计的基本结构。
2. 理解直接电位法测定溶液 pH 值的原理。
3. 掌握用 pH 计测定溶液 pH 值的方法。

二、实验原理

电位法是以测量溶液原电池的电动势为基础的分析方法。指示电极是指电极的电位值随被测离子的浓度或活度变化而变化的一类电极，参比电极是指在一定条件下电极电位值已知且相对不变的电极。

直接电位法是将合适的参比电极和指示电极插入被测溶液中组成一个原电池，通过测量原电池的电动势直接计算离子浓度或活度的方法。测定溶液的 pH 值的参比电极常用饱和甘汞电极（SCE），指示电极可以是 pH 玻璃电极、氢电极和氢醌电极等，其中 pH 玻璃电极最为常用。将指示电极 pH 玻璃电极和参比电极饱和甘汞电极插入待测溶液中组成的原电池表达式为：

$(-)Ag \mid AgCl(s)$，$KCl(aq) \mid$ 玻璃膜 $\mid$ 试液 $\parallel KCl(aq, 饱和)$，$Hg_2Cl_2(s) \mid Hg(+)$

该原电池的电动势见式（3-1）：

$$E = \varphi_+ - \varphi_- = \varphi_+ - K + \frac{2.303RT}{F}\text{pH} \tag{3-1}$$

由于在一定条件下正极饱和甘汞电极的电位 φ_+ 为常数，则，

$$E = K' + \frac{2.303RT}{F}\text{pH} \tag{3-2}$$

由式（3-2）可知，在一定条件下，原电池的电动势 E 与溶液的 pH 呈线性关系，所以通过测量原电池电动势，便可知道溶液的 pH 值或 H^+ 浓度。

但因上式中 K' 值是由不对称电位和液接电位所决定的常数，实际难以求得。因此在实际工作中采用"两次测量法"将 K' 相互抵消。即在测量待测溶液电动势之前，先测量已知准确 pH 值的标准缓冲溶液的电动势 E_s，然后在相同条件下测定待测溶液的电动势 E_x，它们的电动势分别用式（3-3）和式（3-4）表示：

$$E_s = K' + \frac{2.303RT}{F}pH_s \qquad (3-3)$$

$$E_x = K' + \frac{2.303RT}{F}pH_x \qquad (3-4)$$

式（3-3）减去式（3-4）并整理得式（3-5）：

$$pH_x = pH_s + \frac{E_x - E_s}{2.303RT/F} \qquad (3-5)$$

当温度 $T = 298.15K$ 时，$2.303RT/F = 0.05916V$

三、仪器和试剂

1. 仪器　phs-2C 型 pH 计（或其他型号的 pH 计），50ml 小烧杯，洗瓶。

2. 试剂　pH 值为 pH4.00、pH6.86、pH9.18 的标准缓冲溶液；酸性未知液（1），碱性未知液（2）以及去离子水或二次蒸馏水。

（1）配制 pH4.00 标准缓冲溶液（25℃）：称取在 115℃±5℃ 下干燥 2~3 小时的邻苯二甲酸氢钾 10.12g，溶于不含 CO_2 的去离子水中，并稀释定容至 1L。

（2）配制 pH6.86 标准缓冲溶液（25℃）：分别称取在 115℃±5℃ 下干燥 2~3 小时的无水磷酸氢二钠（Na_2HPO_4）3.533g 和磷酸二氢钾（KH_2PO_4）3.387g，溶于不含 CO_2 的去离子水中，并稀释定容至 1L。

（3）配制 pH9.18 标准缓冲溶液（25℃）：称取硼砂 3.80g（不能烘），溶于不含 CO_2 的去离子水中，并稀释配制至 1L。贮于聚乙烯瓶中密封保存。

以上标准缓冲溶液也可直接用市售袋装标准缓冲溶液试剂，按其要求配制。

四、实验内容

1. 安装 pH 玻璃（复合）电极。

2. 打开电源，指示灯亮。

3. 调节温度补偿旋钮至室温。

4. 仪器校正

（1）定位：把斜率旋钮按顺时针方向旋至 100%，取下电极帽，把电极用去离子水冲洗干净，并用滤纸吸干，插入 pH=6.86（25℃）的标准缓冲溶液中，再调节定位旋钮，使仪器显示的 pH 值为 6.86。

（2）斜率：把电极从 pH=6.86 缓冲溶液中取出，用去离子水冲洗干净，滤纸吸干后，插入 pH=4.00（或 9.18）标准缓冲溶液中，调节斜率旋钮，使仪器显示的 pH 值为 4.00（或9.18）。

5. 测定 pH 值　取出电极，用去离子水冲洗干净，并用滤纸吸干后，插入待测溶液（1）或（2）中，轻摇烧杯使溶液均匀，待读数稳定后，仪器显示的数值即为待测溶液的 pH 值。

6. 测后清理　测量完毕，清洗电极，并用滤纸吸干，套上电极帽，关闭电源。擦干仪器台上的水滴，倒掉废液杯中的废液。

五、注意事项

1. 新的、久置不用后重新启用以及更换了新电极的仪器，在测量前需先行标定。

2. 每次换液，均须用去离子水或二次蒸馏水冲洗电极，并用软质滤纸轻靠玻璃电极膜，吸干表面溶液。

3. 在两次测量法中，参比电极在标准缓液和待测溶液中所产生的液体接界电位不可能完全一致，会有残余液接电位存在。为了减小误差，校准用的标准缓冲溶液的 pH 值与待测溶液的 pH 值相差不应超过 3 个 pH 单位，即 $|pH_s - pH_x| \leq 3$。而且差值越小，产生的残余液接电位越小，测量结果越精确。

4. 普通 pH 玻璃电极适用范围为 pH 1~9，当测定溶液的 pH 值小于 1 时会产生酸差，溶液 pH 值大于 9 时会产生钠差，此时可以改成锂玻璃电极。

5. pH 玻璃电极的玻璃膜内外表面含钠量不同会产生不对称电位，同时玻璃膜外表面被试剂污染以及机械损伤和化学腐蚀会导致玻璃膜外表面损坏，也会产生不对称电位。使用前应在水中浸泡 24 小时活化电极，以减小不对称电位。

6. 标准液的配制、使用、保存应严格按规定进行。

六、思考题

1. 玻璃膜电极的不对称电位是不可避免的，怎样减小不对称电位？
2. 为什么要用与待测溶液相近的标准缓冲液校正仪器？
3. 什么是酸差和钠差？钠差是怎样形成的？
4. 试述 pH 玻璃电极的响应机制。

（余邦良）

实验二　磷酸的电位滴定

一、实验目的

1. 掌握电位滴定法操作及确定终点的方法。
2. 掌握测定磷酸电位滴定曲线及电势滴定法测定弱酸 pK_a 的方法。

二、实验原理

电位滴定法是以指示电极电位（或 pH 值）的突越确定滴定终点的方法。进行磷酸电位滴定的装置如图 3-1 示，以玻璃电极为指示电极（负极）、饱和甘汞电极为参比电极（正极），连接在 pH 计上，将两极置入磷酸试液中，如是复合电极可直接置入磷酸试液中，用 NaOH 标准溶液进行滴定。

以滴定中消耗的 NaOH 标准溶液的体积 V（ml）及相应的溶液 pH 值绘制 pH-V 滴定曲线（图 3-2）。曲线上有两个滴定突跃，第一滴定突跃 pH 为 4.0~5.0，第二滴定突跃 pH 范围为 9.0~10.0。化学计量点可用作图法求得，电位法绘制的 pH-V 滴定曲线不仅可以确定化学计量点，求算磷酸试样的浓度，而且可以求算出 H_3PO_4 的离解平衡常数 K_{a_1} 及 K_{a_2}。为测得更准确的化学计量点，还可用 $\Delta pH/\Delta V - \overline{V}$ 曲线法及二阶微商内插法进行。磷酸是三元酸，用 NaOH 标准溶液滴定时，有两个滴定突越，滴定反应如下：

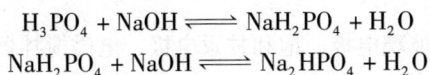

$$H_3PO_4 + NaOH \Longrightarrow NaH_2PO_4 + H_2O$$
$$NaH_2PO_4 + NaOH \Longrightarrow Na_2HPO_4 + H_2O$$

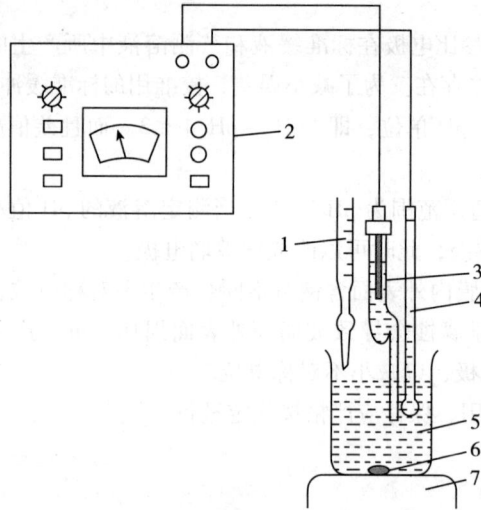

图 3 - 1　磷酸的电位滴定装置

1. 滴定管；2. pH 计；3. 饱和甘汞电极；4. 玻璃电极；5. 试液；6. 铁芯搅拌磁子；7. 电磁搅拌器

当用 NaOH 标准溶液滴定至生成的 NaH_2PO_4 浓度和剩余 H_3PO_4 浓度相等时，即第一半中和点时，溶液中的氢离子浓度就等于离解平衡常数 K_{a_1}。

$$K_{a_1} = \frac{[H^+][H_2PO_4^-]}{[H_3PO_4]}$$

第一半中和点时，$[H_3PO_4] = [H_2PO_4^-]$，所以 $K_{a_1} = [H^+]$，即 $pK_{a_1} = pH$，同理，第二半中和点对应的 pH 值即为 pK_{a_2}。在 pH - V 滴定曲线上容易求得 K_{a_1} 及 K_{a_2}（图 3 - 2）。

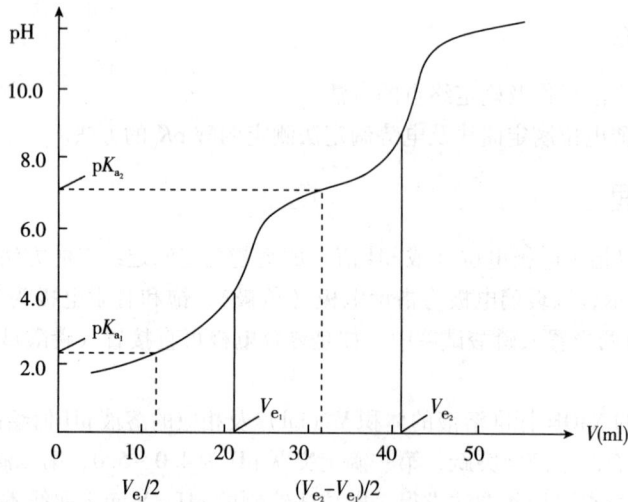

图 3 - 2　磷酸电位滴定曲线

三、仪器和试剂

1. 仪器　25 型 pH 计，玻璃电极，饱和甘汞电极，电磁搅拌器，碱式滴定管。

2. 试剂 NaOH 标准溶液 (0.1mol/L),邻苯二甲酸氢钾标准缓冲溶液 (0.05mol/L),磷酸样品溶液 (0.1mol/L)。

四、实验内容

1. 用邻苯二甲酸氢钾标准缓冲溶液 (0.05mol/L) 校准 pH 计。

2. 精密量取磷酸样品溶液 10ml,置入 100ml 烧杯中,加蒸馏水 10ml,加入搅拌棒,插入玻璃电极和甘汞电极或复合电极,开启电磁搅拌器,在溶液不断搅拌下,用 NaOH 标准溶液 (0.1mol/L) 滴定。每加 2ml,记录 pH 值。在接近化学计量点(加入 NaOH 标准溶液引起溶液的 pH 变化逐渐增大),每次加入标准溶液的体积逐渐减小,在化学计量点前后时,每加入 2 滴(约 0.1ml),即记录 1 次 pH 值。每次加入的体积最好相等,这样在数据处理时较为方便。继续滴定至第二化学计量点为止。

3. 按 pH – V、$\Delta pH/\Delta V$ – $\overline{V}$ 法作图计算确定化学计量点,并计算磷酸溶液的确切浓度。

4. 由 pH – V 曲线找出第一个化学计量点前半中和点的 pH 值,以及第一和第二化学计量点间半中和点的 pH 值,计算磷酸的 K_{a1} 及 K_{a2}。

五、注意事项

1. 电极在溶液的深度应合适,搅拌磁子不能碰电极。

2. 注意观察化学计量点的到达,在计量点前后等量小体积加入 NaOH 标准溶液。

六、思考题

1. 用 NaOH 标准溶液滴定磷酸溶液,在 pH – V 曲线上,为什么有两个滴定突越?

2. 通过实验的数据处理,说明为什么在化学计量点前后等量的滴入小体积的 NaOH 标准溶液为好?

(巩丽虹)

实验三 永停滴定法标定碘溶液

一、实验目的

1. 掌握永停滴定法的原理、操作、终点的确定。

2. 掌握永停滴定法标定 I_2 标准溶液浓度的方法。

3. 了解安装永停滴定装置、正确连接线路的方法。

二、实验原理

永停滴定法是将两支完全相同的铂电极插入待测试液中,在两电极间外加一小电压 (10~200mV),根据可逆电对有电流产生、不可逆电对无电流产生的现象,通过观察滴定过程中电流变化情况确定滴定终点的方法。此法装置简单、操作简便、结果准确。

实验用 $Na_2S_2O_3$ 标准溶液标定 I_2 液,以永停法确定滴定终点。标定的化学反应过程与现象为:化学计量点前,$I_2 + 2S_2O_3^{2-} \rightleftharpoons S_4O_6^{2-} + 2I^-$,因为溶液中有 I_2/I^- 可逆电对存在,因此有电解电流通过两电极，随着滴定的进行，溶液中 I_2 浓度越来越小，电流也逐渐变小。化学计量点时，电流降至最低点。化学计量点后，由于溶液中仅有 $S_4O_6^{2-}/S_2O_3^{2-}$ 不可逆电对及 I^- 存在，无电解反应发生，电流不再变化。因此 $Na_2S_2O_3$ 标准溶液标定 I_2 液是以电流计突然下降为零并保持不再变动为滴定终点。

三、仪器和试剂

1. 仪器 永停滴定仪，铂电极（两支），灵敏检流器，电磁搅拌器，电位计（或 pH 计），1.5V 电池，5000Ω 电阻，电阻箱（或 5000Ω 可变电阻），酸式滴定管（10ml）。

2. 试剂 $Na_2S_2O_3$ 标准溶液（0.01mol/L），I_2 液（0.005mol/L），KI（A.R）。

四、实验内容

1. 实验方法一 自制永停滴定仪。

（1）永停滴定装置的安装：按图 3-3 永停滴定装置图所示部件进行连接，E、E' 为铂电极，G 为灵敏检流计，B 为 1.5V 电池，R_1 为 5000Ω 电阻，R_2 为电阻箱。调节 R_2 可得所需外加电压。本实验外加电压为 10～30mV，R_2 电阻值为 50～150Ω。

（2）I_2 液的标定：精密吸取 5ml 待标定 I_2 液，置于 150ml 烧杯中再加 0.1gKI 和 55ml 水。在电磁搅拌下，用 $Na_2S_2O_3$ 标准溶液（0.01mol/L）滴定，每加 0.5ml 记录一次电流读数 I，当 I_2 液变为浅黄色时，表示已接近化学计量点，应小心滴定，每加 0.2ml 或 0.1ml，记录一次电流值，直至电流读数不再变化为止。

（3）绘制 I-V 滴定曲线：从曲线上找出 V_{ep}，记录滴至化学计量点时消耗的 $Na_2S_2O_3$ 标准溶液体积，求出 I_2 标准溶液浓度。

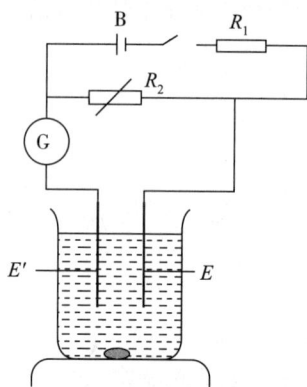

图 3-3 永停滴定装置图

2. 实验方法二 自动永停滴定仪。

（1）接通电源，仪器预热 30 分钟，将极化电压调至 50mV，灵敏度为 10^{-9}，门限值为 60。

（2）在酸式滴定管中加入待标定 I_2 液，安装在自动永停滴定仪上，将电磁阀两头的胶管分别套入滴定管和滴管的接头上。

（3）按"快滴"键，调节电磁阀螺丝，使样液流下，赶走气泡。

（4）按"慢滴"键，调节电磁阀螺丝使滴定管每滴滴量为 0.02ml 左右。

（5）重新加满滴定管中标液，按"慢滴"键，使滴定管中标液刻度调到零刻度。

（6）精密吸取 10ml 0.01mol/L $Na_2S_2O_3$ 溶液，置于 100ml 烧杯中，用水稀释到 60ml，加入磁搅拌子，将烧杯置磁力搅拌器上，打开搅拌器开关，调整搅拌速度，并将待测液混匀。

（7）按"滴定开始"按钮，仪器开始自动滴定。当仪器指针超过门限值 1′30″仍不返回门限值以下时为滴定终点。此时报警器报警，"终点"指示灯亮。

（8）按"复零"键，记录滴定管上的刻度读数，将滴定管及电极冲洗干净。

五、注意事项

1. 自装的永停滴定装置，实验前应仔细检查线路连接是否正确，接触是否良好，检流计灵敏度是否合适。

2. 实验前，可用电位计（或 pH 计）测量外加电压，本实验外加电压为 10～30mV，一经调好，实验过程中不可再变动。

3. 铂电极在使用前需进行活化处理，方法是将铂电极插入含少量 $FeCl_3$ 的浓 HNO_3 中（1 滴 $FeCl_3$ 试液：10ml 浓 HNO_3），浸泡半小时以上，注意铂电极不应触及器皿底部，以免弯折损坏。

4. 实验结束时，要将检流计电源及永停滴定装置的电键断开，检流计置短路。

六、思考题

1. 按本实验条件，若需 25mV 外加电压，则可变电阻 R_2 应为多少欧姆？

2. 实验中，如何判断滴定终点？

3. I_2 液在标定时为什么要往烧杯中要加 0.1g KI？

（巩丽虹）

实验四　毛细管电泳分离苯甲醇、苯甲酸、对氨基苯甲酸和水杨酸

一、实验目的

1. 掌握毛细管电泳的原理。
2. 熟悉毛细管电泳仪组成。
3. 了解影响毛细管电泳分离的主要操作参数。

二、实验原理

毛细管电泳（CE）是以电渗流（EOF）为驱动力，以毛细管为分离通道，依据样品中组分之间淌度和分配行为上的差异而实现分离的一种液相微分离技术。

1. 电泳　带电荷粒子在施加有外加电场的溶液中，向带相反电荷的电极定向移动的现象称为电泳，正电荷向电场阴极移动，负电荷向电场阳极移动。电泳速度（u_{ep}）指在单位时间内，带电粒子在毛细管中定向移动的距离，也称为迁移速度。而单位电场强度下的电泳速度称为淌度。

对球形颗粒，其电泳速度为：

$$u_{ep} = \frac{qE}{6\pi\eta\gamma} \qquad (3-6)$$

对于棒状颗粒，其电泳速度为：

$$u_{ep} = \frac{qE}{4\pi\eta\gamma} \qquad (3-7)$$

式中，η 为介质黏度；γ 为离子的流体动力学半径。由公式（3-6）和（3-7）可看出，电泳速度与离子所带电荷成正比，与介质黏度、离子的流体动力学半径成反比。

2. 电渗　电渗（electroosmosis）指毛细管中的溶液在电场作用下相对于毛细管壁发生定向迁移或流动现象。如石英毛细管壁上的硅醇羟基—Si—OH 在缓冲溶液中离解成硅醇基负离子—Si—O⁻，硅醇基负离子使毛细管壁内表面带负电荷，吸引溶液中的水合阳离子形成双电层，根据双电层模型，靠近毛细管壁的第一层为紧密层或称为 Stern 层；靠毛细管中央的一层称为扩散层。当毛细管两端施加外加电压时，在电场作用下双电层中阳离子向阴极运动，由于离子是溶剂化的，因此扩散层的阳离子在电场中向阴极迁移时会携带溶剂一起向阴极迁移，这种管内溶液在外加电场作用下，相对于管壁整体向一个方向移动的现象就叫电渗流（electroosmotic flow，EOF）。单位电场强度下的电泳速度称为电渗淌度或电渗率（μ_{os}）。

3. 表观淌度　在毛细管电泳中，同时存在电渗流和电泳流，因此不考虑粒子相互作用前提下，粒子的迁移速度是两种速度的矢量和，而粒子被观察到的淌度是有效淌度和缓冲溶液电渗淌度的矢量和，称为表观淌度（apparent mobility；μ_{ap}），可用式（3-8）表示：

$$\mu_{ap} = \mu_{os} + \mu_{eff} \qquad (3-8)$$

粒子的表观迁移速度（apparent velocit；）可用式（3-9）表示：

$$u_{ap} = u_{os} + u_{ep} = (\mu_{os} + \mu_{ep})E = \mu_{ap}E \qquad (3-9)$$

μ_{ap} 和 u_{ap} 是由实验测得的粒子的实际淌度和迁移速度。可分别通过式（3-10）和式（3-11）计算：

$$u_{ap} = \frac{L_a}{t_m} \qquad (3-10)$$

$$\mu_{ap} = \frac{u_{ap}}{E} = \frac{u_{ap}L}{V} = \frac{L_d L}{t_m V} \qquad (3-11)$$

式中，L 为毛细管的总长度；L_d 为毛细管的有效长度（从进样点到检测器的毛细管长度）；V 为外加电压；t_m 为迁移时间，指溶质从进样点迁移到检测器所需要的时间，即流出曲线最高点所对应的时间。

通常情况下，电渗的速度都比电泳速度大一个数量级，一般电渗速度是电泳速度的 5~7 倍，因此在溶液中，不管正离子、负离子还是中性分子，在电渗流的作用下，均向一个方向移动。溶液中正离子电泳方向和电渗方向一致，迁移速度最快；中性分子随电渗流迁移，故移动速度同电渗流速度一样；负离子电泳方向和电渗方向相反，迁移速度最慢，故通过检测器的顺序是阳离子、中性分子、阴离子。

当从毛细管的正极端进样，负极端检测时，由于粒子所带电荷不同，其表观淌度也不相同，分离后出峰的顺序也不相同。

三、仪器和试剂

1. 仪器　Beckman 毛细管电泳仪（毛细管总长度 $L = 50 \text{cm}$，有效长度 $l = 40.5 \text{cm}$），移液管（1ml、5ml）各 2 支，容量瓶（10ml）2 个，塑料样品管 16 支，镊子，洗瓶，吸耳球，试

管架，塑料样品管架，废液烧杯，剪刀，滤纸等。

2. 试剂 10mmol/L NaH_2PO_4 – Na_2HPO_4 1∶1 缓冲溶液（NaH_2PO_4 和 Na_2HPO_4 各 5mmol/L），20mmol/L HAc – NaAc（pH 为 6，HAc∶NaAc 大约 1∶15）缓冲溶液，20mmol/L $Na_2B_4O_7$ 缓冲溶液，1.00mg/ml 的苯甲醇、苯甲酸、水杨酸、对氨基水杨酸溶液，1mol/L NaOH 溶液，二次蒸馏水。

四、实验内容

1. 仪器的预热和毛细管的冲洗 打开仪器和配套的工作站软件，设置工作温度为30℃。在不施加外加电压情况下，依次用 1mol/L NaOH 溶液冲洗毛细管 5 分钟，二次去离子水冲洗毛细管 5 分钟，10mmol/L NaH_2PO_4 – Na_2HPO_4 1∶1 缓冲溶液冲洗毛细管 5 分钟，然后在运行电压下平衡 10 分钟。以后每次进样前均用缓冲液冲洗毛细管柱，并在运行电压下平衡 5 分钟。所有溶液均需要经超声波除气，并用 0.45μm 微孔滤膜过滤。冲洗过程中注意使出口（outlet）对准废液的位置。

2. 混合标样的配制 分别用移液管移取 3.00ml 苯甲醇、3.00ml 苯甲酸、1.00ml 水杨酸、0.500ml 对氨基水杨酸于 10.00ml 的容量瓶中，定容，得到 300μg/ml 苯甲醇、300μg/ml 苯甲酸、100μg/ml 水杨酸、50.0μg/ml 对氨基水杨酸的混合溶液作为混合标样。

3. 混合标样的测定 待毛细管冲洗完毕，取 1.00ml 混合标样于样品管中，放在电泳仪进口（inlet）托架上开始进样。进样压力 3kPa，进样时间 5 秒。进样完成后将进口（inlet）托架的位置换回缓冲溶液，设置工作电压为 20kV，修改相关的工作参数，然后开始谱图采集，记录各组分的迁移时间。

4. 未知浓度混合样品的测定 未知浓度混合样品的测定方法和条件与混合标样相同。

5. 不同缓冲溶液下迁移时间的变化 未知浓度混合样品的测定完毕后，冲洗毛细管，顺序依次是：1mol/L NaOH 溶液、二次蒸馏水各 5 分钟，然后更换进出口两端的缓冲溶液为 20mmol/L HAc – NaAc（pH 为 6，HAc∶NaAc 大约 1∶15）缓冲溶液，冲洗 5 分钟，分离工作电压为 20kV，并在此条件下，分析未知浓度混合样品，记录各组分的迁移时间。

再次更换进出口两端的缓冲溶液为 20mmol/L $Na_2B_4O_7$，冲洗 5 分钟，分离工作电压 20kV，并在此条件下分析未知浓度混合样品，记录各组分的迁移时间。

完成实验以后，用水冲洗毛细管 10 分钟，再用空气吹干 10 分钟。

五、实验数据处理

1. 根据被分析物的 pK_a 值，判断混合标样中各峰的归属。

2. 分析并找出混合标样中的电渗流标记物。

3. 计算各组分的有效淌度和表观淌度。

4. 采用外标定量法，根据已知浓度峰的积分面积之比折算未知浓度混合样品中各个组分的浓度。

5. 根据电泳的原理，分析和讨论不同缓冲溶液对各个组分迁移时间的影响。

六、注意事项

1. 实验完毕以后一定要用水冲洗毛细管，并用空气吹干，否则毛细管可能堵塞。

2. 冲洗毛细管时不能在毛细管上施加电压。

3. 注意排出样品管的气泡。

七、思考题

分析缓冲溶液 pH 值对电渗速度的影响。

(周锡兰)

实验五 毛细管电泳法测定注射液中水溶性维生素

一、实验目的

1. 掌握胶束电动毛细管色谱法的基本原理。
2. 熟悉毛细管电泳仪的组成。
3. 了解影响毛细管电泳分离的主要操作参数。

二、实验原理

水溶性的维生素,是维持生物生长和代谢所必需的一类重要的化合物。混合水溶性维生素的分离测定,在药品及食品分析中有重要价值,本实验采用胶束电动毛细管色谱法分离和测定注射用水溶性维生素制剂中维生素 B_1、维生素 B_{12}、维生素 B_6、维生素 C、烟酰胺、叶酸、D – 生物素、核黄素磷酸钠、泛酸钠 9 种成分。

胶束电动毛细管色谱法(micellar electrokinetic capillay chromatography,MECC)是在缓冲溶液中加入高于临界胶束浓度的离子型表面活性剂作为胶束,被分析物在胶束和水相中进行分配的一种方法。胶束电动毛细管色谱法是集电泳、色谱分离原理为一体的分离方法。

在外电场的作用下,缓冲溶液在电渗流的作用下流向阴极,带电荷的胶束则发生电泳作用,根据胶束亲水基所带电荷不同迁移向阳极或阴极,而待分离的物质在流动相(水相)和假固定相(胶束)之间的分配系数不同,经过多次的分配之后具有不同的迁移速度。胶束电动毛细管色谱法不仅可以分离离子型化合物,还可以分离中性分子、手性对映体等。中性分子在毛细管区带电泳中,由于和电渗流速度一致,无法进行分离,但在胶束电动毛细管色谱法中可根据中性分子在胶束内部和缓冲溶液中分配系数的差异而进行分离。疏水性强的物质被分配到缓冲溶液中的少一些,而被分配到胶束中的多一些,与胶束结合也要强一些,流出时间长一些;反之亲水性强的物质被分配到缓冲溶液中多一些,而被分配到胶束中少一些,流出时间要短一些。溶质在胶束中时随胶束迁移向阴极,而在缓冲溶液中时,以电渗速度移动,因此分配系数略有差异的中性分子能在胶束电动毛细管色谱法中得到分离。

三、仪器和试剂

1. 仪器 Beckman 毛细管电泳仪(紫外检测器,未涂层石英熔融毛细管总长度 $L = 67cm$,有效长度 $l = 55cm$),1ml、5ml 移液管各 2 支,10ml 容量瓶 2 个,塑料样品管 16 支,镊子,洗瓶,洗耳球,试管架,塑料样品管柜,废液烧杯,剪刀,滤纸等。

2. 试剂 缓冲溶液:50mmol/L SDS – 50mmol/L 的硼酸钠(pH 为 8.33)。

标准品:维生素 B_1、维生素 B_6、维生素 C、烟酰胺、叶酸、核黄素磷酸钠、泛酸钠,维

生素 B_{12}、D - 生物素作为标准品，溶解定容均为二次蒸馏水，并避光冷藏。

其他试剂：1mol/L NaOH 溶液，二次蒸馏水。

四、实验内容

1. 仪器的预热和毛细管的冲洗 打开仪器和配套的工作站软件，设置毛细管柱温为 25℃。在不施加外加电压情况下，依次用 1mol/L NaOH 溶液冲洗毛细管 5 分钟、二次去离子水冲洗毛细管 10 分钟，运行缓冲溶液冲洗毛细管 10 分钟，然后在运行电压（15.0kV）下平衡 10 分钟。以后每两次进样间均分别用 0.1mol/L NaOH 溶液、二次蒸馏水、运行缓冲液冲洗毛细管柱 3 分钟、5 分钟、5 分钟。所有溶液均需要经超声波除气，供试品溶液和运行缓冲液均用 0.22μm 微孔滤膜过滤。冲洗过程中注意使出口对准废液的位置。

2. 混合对照品溶液的配制 精密称取维生素 B_1 对照品 5.1mg、维生素 B_6 对照品 5.0mg、维生素 B_{12} 对照品 4.9mg、维生素 C 对照品 100.0mg、烟酰胺对照品 52.0mg、叶酸对照品 5.3mg、D - 生物素对照品 5.2mg、核黄素磷酸钠对照品 5.0mg、泛酸钠对照品 10.4mg，分别置于 9 个 50ml 量瓶中，加水溶解并且定容，作为各成分的对照品贮备液，再分别准确量取上述 9 种对照品贮备液 0.1ml、2.5ml、5.0ml、7.5ml、12.5ml 定容于 25ml 量瓶中，配成系列混合对照溶液。

3. 线性范围的测定 待毛细管冲洗完毕，分别取系列混合对照溶液于样品管中，放在电泳仪进口托架上开始进样。进样压力 6.89kPa，时间 10 秒，毛细管柱温 25℃。进样完成后将进口托架的位置换回缓冲溶液，设置工作电压为 20kV，修改相关的工作参数，然后开始谱图采集，测定峰面积。分别以对照品峰面积 A 对对照品质量浓度 Q（mg/L）作线性回归方程式。

4. 注射用水溶性维生素样品的测定 精密量取样品溶液 1.0ml，置于 100ml 容量瓶中，加水稀释至刻度、摇匀，用 0.22μm 微孔滤膜过滤后，同混合标样的测定方法和条件进行测定。分别记录各组分的迁移时间和峰面积。

5. 完成实验以后，用水冲洗毛细管 10 分钟，再用空气吹干 10 分钟。

五、数据记录与处理

1. 根据迁移时间确定各峰的归属。
2. 根据已知浓度峰的积分面积之比折算未知浓度混合样品中各个组分的含量。
3. 根据线性回归方程式求得各组分浓度。

六、注意事项

1. 实验完毕以后一定要用水冲洗毛细管，并用空气吹干，否则毛细管可能堵塞。
2. 冲洗毛细管时不能在毛细管上施加外加电压。
3. 注意排出样品管的气泡。

七、思考题

分析缓冲溶液 pH 对电渗速度的影响。

（周锡兰）

实验六　薄层色谱法分离生物碱、氨基酸、维生素

一、实验目的

1. 掌握薄层色谱法的基本原理；薄层色谱板的制备。
2. 熟悉薄层色谱法的鉴别步骤。
3. 了解薄层色谱法分离鉴别氨基酸、生物碱和维生素的方法。

二、实验原理

薄层色谱，或称薄层层析（thin - layer chromatography，TLC），通常是将硅胶、三氧化二铝等吸附剂在玻璃板等载体上薄薄涂上一层作为固定相，以合适的溶剂为流动相（即展开剂），对混合样品进行分离、鉴别的一种色谱分离技术。

吸附薄层色谱的吸附作用力是分子间的范德华力，其吸附过程是一个可逆的物理吸附，被吸附物在一定条件下可以解吸出来。在单位时间内被吸附于吸附剂的某一表面积上的分子和同一单位时间内离开此表面的分子之间可以建立动态平衡，称为吸附平衡。吸附层析过程就是不断地吸附与解吸附的动态平衡过程。

薄层色谱的展开图如图 3－4 所示，在薄层板下端 1cm 处用铅笔绘一条直线，在线上选取距离合适的两个点，分别点上样品 A 和 B，将薄层板的下端放入展开剂中，展开剂由于毛细作用沿着薄层板往上移动，当移动至点有样品 A 和 B 的点时，样品 A 和 B 溶解于展开剂中，并随展开剂向上移动，并吸附在新的固定相，当新的展开剂经过时样品 A 和 B 又溶解于新的展开剂并随新的展开剂移动。如此，样品 A 和 B 不断在固定相和展开剂间发生吸附、解吸附过程。由于 A 和 B 结构不同，固定相对 A 和 B 的吸附能力不同，展开剂对 A 和 B 的解吸附能力不相同，A 和 B 随展开剂移动的速度也不相同。如图 3－4 所示，若固定相对 A 的吸附能力大于对 B 的吸附能力，吸附力较弱的组分 B 解吸附较快，随展开剂向前移动速度快，而吸附能力强的组分 A 解吸附较慢，随展开剂移动速度慢。

在实际实验中，常用比移值作为定性参数。比移值（R_f）指一定条件下，溶质移动距离与展开剂移动距离之比。

$$R_f = \frac{\text{原点至斑点中心的距离}}{\text{原点至展开剂前沿的距离}} \tag{3 - 12}$$

如图 3－4 所示，组分 A 和 B 的比移值可分别表示为：

$$R_{f(A)} = \frac{a}{c} \tag{3 - 13}$$

$$R_{f(B)} = \frac{b}{c} \tag{3 - 14}$$

点样的点称为原点。实际工作中，比移值的适宜范围为 0.2～0.8，可通过调整展开剂的极性调整比移值。

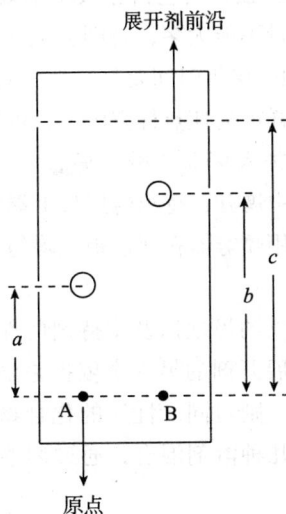

图 3 - 4　薄层色谱展开图

三、仪器和试剂

1. 仪器　玻璃板（12cm×5cm）数块，干燥器两个，层析缸 1 个，烧杯（100ml），量筒（25ml），毛细管，直尺，电吹风，铅笔。

2. 试剂　薄层色谱用碱性氧化铝，硅胶 G，0.6% 羧甲基纤维素钠水溶液，氯仿，正己烷，甲醇，36% 醋酸，95% 乙醇，碘片，新鲜配制 0.2% 茚三酮乙醇溶液，2% 咖啡碱溶液，2% 茶碱溶液，茶碱和咖啡碱的混合生物碱溶液，0.5% 的白氨酸水溶液，0.5% 的 L - 脯氨酸水溶液，白氨酸和 L - 脯氨酸混合氨基酸溶液，0.01g/ml 抗坏血酸溶液（维生素 C），0.01g/ml 盐酸硫胺（维生素 B_1），抗坏血酸和盐酸硫胺的混合维生素溶液。

四、实验内容

1. 薄层板的制备　将 12cm×5cm 的玻璃板用洗液浸泡，然后依次用自来水和蒸馏水洗涤干净。

（1）氧化铝薄层板的制备：称取 2g 氧化铝于研钵中，加入 4ml 的蒸馏水，研磨均匀后倒在玻璃板上，用手左右摇晃，使表面均匀光滑，然后将薄层板平放在水平平板上，晾干后置于烘箱内 150～160℃烘烤 20 分钟活化。取出置于干燥器中冷却备用。

（2）硅胶薄层板的制备：称取 5g 硅胶 G、移取 12～15ml 0.6% 羧甲基纤维素钠于研钵中，研磨均匀，倒在玻璃板上制成薄板后用手左右摇晃，使表面均匀光滑，然后将薄层板平放在水平平板上，晾干后置于烘箱中 105℃烘烤 20 分钟活化。取出置于干燥器中冷却备用。

2. 氨基酸的分离与鉴定

（1）点样：在薄层层析板下端 1cm 处用铅笔轻轻绘一条线，在线上选取距离合适的三个点作为原点，分别用毛细管垂直在三个点样原点点上白氨酸标准溶液、L - 脯氨酸标准溶液及混合氨基酸溶液。

薄层层析点样时应注意以下几点：样品最好用挥发性的有机溶剂溶解，尽量不用水溶液，因为水分子与吸附剂的相互作用力较强，当它占据吸附剂表面上的活性位置时，则使吸附剂的活性降低，而使斑点扩散；点样量不能太多，否则会造成拖尾现象；点样点直径要尽量小，控制在2mm以内，因此毛细管接触薄层板时间要尽量短；若样品溶液浓度不够时可通过多次在原点点样增加样品浓度，每次点样前需使点样点晾干，然后在同一位置点样。

（2）展开、显色：在层析缸中加入95%乙醇∶蒸馏水∶36%醋酸 = 25∶5∶0.5的混合溶液作展开剂。将薄层板放入展开剂中展开，待离薄层板上端约1cm处停止展开并标记前沿线。待展开剂晾干或用电吹风吹干后，用喷雾器在薄层板上均匀喷上0.2%茚三酮溶液，用电吹风吹至出现斑点为止。

展开剂的选择通常根据被分离物的极性以及支持剂的性质而定，吸附性较大的化合物一般需要选择极性较大的溶剂。选择展开剂的另一个依据是溶剂的极性大小。一般而言，在同一种支持剂上，凡溶剂的极性愈大，则对同一性质的化合物的洗脱能力也愈大，如果单一溶剂极性不合适，常用多元溶剂，即几种溶剂混合，通过调整成分之间的比例得到合适极性的展开剂。

（3）计算R_f值：算出各个斑点比移值（R_f），对照标准氨基酸和混合氨基酸斑点的颜色和R_f值，鉴别混合氨基酸是否已经分离。

在薄层、溶剂、温度等各项实验条件恒定的情况下，各物质的R_f值接近，且不随溶剂移动距离的改变而变化。

3. 维生素的分离与鉴定

（1）点样：在硅胶薄层层析板下端1cm处用铅笔绘一条线，在线上选取距离合适的三个点作为点样原点，分别用毛细管垂直在三个原点点上抗坏血酸溶液（维生素C）、0.01g/ml盐酸硫胺（维生素B_1）溶液和混合维生素溶液。

（2）展开、显色：在层析缸中加入乙醇∶水 = 2∶1的混合溶液作为展开剂。将薄层板放入展开剂中展开，待离薄层板上端约1cm处停止展开并标记前沿线。待展开剂晾干或用电吹风吹干后，再用碘蒸气显色。

（3）计算R_f值：算出各个斑点比移值（R_f），对照标准维生素和混合维生素斑点的颜色和R_f值，鉴别混合氨基酸是否已经分离。

4. 生物碱的分离与鉴定

（1）点样：在氧化铝薄层层析板下端1cm处用铅笔绘一条线，在线上选取距离合适的三个点作为原点，分别用毛细管垂直在三个原点点上茶碱溶液、咖啡碱溶液和混合生物碱溶液。

（2）展开、显色：在层析缸中加入氯仿∶正己烷∶甲醇 = 15∶2∶1.2的混合溶液作为展开剂。将氧化铝薄层板放入展开剂中展开，待离薄层板上端约1cm处停止展开并标记前沿线。待展开剂晾干或用电吹风吹干后，再用碘蒸气显色。

（3）计算R_f值：算出各个斑点比移值（R_f），对照标准茶碱和咖啡碱斑点的颜色和R_f值，鉴别混合氨基酸是否已经分离。

五、实验结果与计算

1. 在色谱板上量出各斑点的距离。

2. R_f值计算，并将计算值填入表3－1。

表 3 - 1　各物质斑点距离和比移值数据记录表

种类	白氨酸	L - 脯氨酸	混合氨基酸		抗坏血酸	盐酸硫胺	混合维生素		茶碱	咖啡碱	混合生物碱	
			斑点 A	斑点 B			斑点 A	斑点 B			斑点 A	斑点 B
a												
b												
R_f												

六、注意事项

1. 玻璃板在制备薄层板前必须洗涤干净。
2. 层析板上薄层必须尽量均匀且厚度要固定。
3. 点样点要尽量小，点样后用铅笔作好记号，以免混淆。
4. 展开时，不能让展开剂浸没原点。
5. 显色前必须把薄层板晾干或烘干。
6. 展开剂可重复使用。

七、思考题

1. 展开时，展开剂的高度超过点样原点会对薄层色谱产生什么影响？
2. 能否用薄层色谱法鉴别一个有机反应是否反应、反应是否完全，如何鉴别？

（周锡兰）

实验七　高效液相色谱柱的性能测定及分离度测试

一、实验目的

1. 掌握色谱柱理论塔板数、理论塔板高度和色谱峰拖尾因子的计算方法；分离度的计算。
2. 熟悉高效液相色谱柱基本特性及其柱效能的测定方法；高效液相色谱仪的基本结构和工作原理。

二、实验原理

高效液相色谱仪由输液系统、进样系统、色谱柱系统、检测系统和数据记录处理系统组成。其中色谱柱是最重要的部件，它由内壁高度抛光的不锈钢柱管和粒度细小而均匀的固定相组成。根据用途可以分为分析型色谱柱和制备型色谱柱，分析型色谱柱和制备型色谱柱的长度差不多，均为 10 ~ 30cm，分析柱内径为 2 ~ 5mm，而制备柱的内径比分析柱大，实验室用 20 ~ 40mm，制药车间生产用可达几十厘米。

高效液相色谱柱一般都是购买商品柱，在使用前要进行性能考察，使用期间和久置后再使用也需要性能考察。评价色谱柱的性能好坏，有不同的方法和考察指标，一般从以下几个基本指标来考察：理论塔板数 n、理论塔板高度 H、峰对称性（拖尾因子）f_s、容量因子 k 及分离度 R 和渗透性等。这里主要介绍理论塔板数、理论塔板高度和峰对称性。

1. 理论塔板数 n 和理论塔板高度 H　在色谱柱性能测试中，理论塔板数或理论塔板高度是应该考虑的一个核心问题，它反映色谱柱本身的特性，是一个具有代表性的参数，可以用它来衡量柱效能。一般情况下在色谱柱长度一定时，理论塔板数 n 越多，理论塔板高度 H 越小，表示色谱柱柱效能越高；反之，理论塔板数 n 越少，理论塔板高度 H 越大，表示色谱柱柱效能越低。理论塔板数的计算公式见式（3-15），理论塔板高度的计算公式见式（3-16）。

$$n = 16\left(\frac{t_R}{W}\right)^2 = 5.54\left(\frac{t_R}{W_{1/2}}\right)^2 \qquad (3-15)$$

$$H = \frac{L}{n} \qquad (3-16)$$

式中，W 为色谱峰宽度；$W_{1/2}$ 为色谱峰半宽度；t_R 为色谱峰的保留时间；n 为理论塔板数；H 为理论塔板高度；L 为色柱的长度。

2. 峰对称性（拖尾因子）f_s　色谱柱的热力学性质和色谱柱填充的均匀情况将影响色谱峰的对称性。正常的色谱峰呈正态分布，不正常的色谱峰包括拖尾峰和前延峰。色谱峰的对称性用峰的拖尾因子来衡量。峰拖尾因子 f_s 的计算方法见图3-5和式（3-17）。拖尾因子应在 0.95 ~ 1.05 之间，色谱峰才成正态分布。

$$f_s = \frac{W_{0.05h}}{2d_1} \qquad (3-17)$$

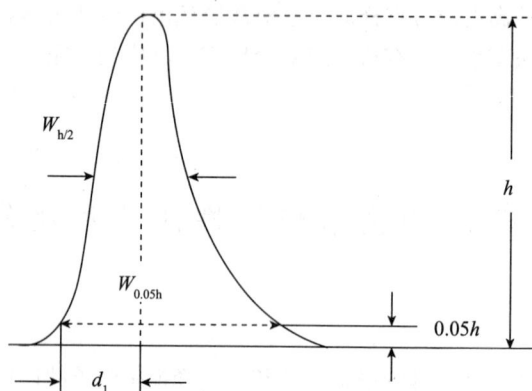

图3-5　峰拖尾因子的计算图

3. 分离度 R　分离度真实地反映了相邻两个组分在色谱柱中的分离情况，它是色谱柱的总分离效能指标。分离度用 R 表示，并定义为相邻两个色谱峰保留时间的差与这相邻两峰峰宽之和一半的比值，其计算公式见式（3-18）。

$$R = \frac{t_{R_2} - t_{R_1}}{\dfrac{W_1 + W_2}{2}} \qquad (3-18)$$

不同色谱柱性能考察常用的试样和流动相见表3-2。

表3-2　不同色谱柱性能考察常用的试样和流动相

柱类型	测试用样品	流动相
硅胶柱	苯、萘、联苯	无水己烷或庚烷
烃基键合相柱	苯、萘、菲、联苯	甲醇-水（80∶20）
	尿嘧啶、硝基苯、萘、芴	甲醇-水（85∶15）或乙腈-水（60∶40）

三、仪器和试剂

1. 仪器　高效液相色谱仪，反相色谱柱（C_{18}，$5\mu m$，$250mm \times 4mm$），紫外检测器，容量瓶，吸量管，超声波清洗机，孔径 $0.22\mu m$ 的过滤膜，真空泵。

2. 试剂　苯（A.R），萘（A.R），菲（A.R），联苯（A.R），甲醇（色谱纯），超纯水。

四、实验内容

1. 样品贮备液的配制：配制含苯、萘、菲、联苯各 $1.0mg/ml$ 的甲醇溶液，并用微孔滤膜过滤，备用。

2. 工作液的配制：取上述贮备液适量，配制成含苯、萘、菲、联苯各 $10\mu g/ml$ 的甲醇溶液，混匀。

3. 流动相的配制：甲醇：水 $= 80:20$，然后用微孔滤膜减压过滤并用超声波脱气。

4. 将色谱柱连入色谱系统。

5. 色谱条件：流动相为甲醇：水 $= 80:20$；固定相为 C_{18} 反相键合色谱柱；检测器为紫外检测器；检测波长为 254nm；流速为 1ml/min。

6. 启动泵，排出流路中气泡，打开记录仪和紫外检测器，在室温和上述色谱条件下，待基线平稳即可进样。

7. 取 5ml 工作液进样，记录色谱图。

8. 根据苯、萘、菲、联苯色谱峰的保留时间 t_R、半高峰宽 $W_{1/2}$ 的数值，计算理论塔板数 n 和塔板高度 H。

9. 根据各组分的色谱峰，计算它们的拖尾因子 f_s。

10. 根据色谱峰，计算相邻两色谱峰的分离度 R。

五、注意事项

1. 高效液相色谱对流动相的要求较高。尽量使用高纯度有机溶剂，一般用色谱纯，如果不是色谱纯，需要用微孔滤膜抽滤去除固体颗粒；尽量使用低黏度有机溶剂作为流动相以减小柱压，一般用甲醇和乙腈；高效液相色谱柱价格较贵，应避免流动相与固定相发生作用而使柱效下降或损坏柱子；样品在流动相中应有适宜的溶解度；如果使用紫外检测器时，检测波长应大于溶剂的截止波长。

2. 流动相需要脱气。流动相中溶解有气体，当气泡进入检测器后会在色谱图上出现尖锐的噪音峰，大气泡进入流路或色谱柱中会使流动相的流速变慢或出现流速不稳定，致使压力波动大和基线起伏，溶解气体还可能引起某些样品的氧化或使溶液 pH 发生变化，同时在荧光检测器中，溶解氧还会使荧光淬灭。常用的脱气方法有水泵减压抽吸脱气法、超声波脱气法和吹氦气脱气法以及仪器本身带有的脱气装置脱气。

3. 如果是手动进样时，先用样品溶液润洗微量注射器几次，然后吸取过量样品，将微量注射器针尖朝上，排除可能存在的气泡并将所取样品调至所需数值。用毕，微量注射器用甲醇洗涤数次。

4. 色谱柱每次用毕需用适当溶剂将其仔细冲洗一定时间，反相色谱柱需用甲醇或乙腈冲洗 20 分钟左右。若流动相中含缓冲盐溶液，应先用超纯水冲洗，再用甲醇或乙腈冲洗，取下钢柱后要将两端塞紧密封，使之在不干燥的条件下保存。价格昂贵的色谱柱前端装有前置柱，前置柱的填料与分析柱相同,但粒径稍大些。前置柱的作用是防止分析柱被污染或堵塞,起保护分析柱作用。前置柱需要经常更换。

5. 在柱外死体积可忽略、溶质选择合适和正确进样操作的情况下,峰不对称的主要原因是柱子填充不均匀。填充良好的色谱柱,峰拖尾因子应在 0.95~1.05 范围内。对称性差的非正态分布峰,将影响理论塔板数测定的准确度。

6. 考察柱效时,应使发生在进样器、检测器和连接管线的柱外效应减至最小,确保实验结果基本不受仪器影响。并且要在正确的动力学条件下工作。

六、思考题

1. 根据反相色谱机制,说明苯、萘、菲、联苯在反相色谱中的洗脱顺序。

2. 流动相在使用前为什么要脱气?脱气方法有哪些?

3. 萘与菲在同一色谱柱上的柱效能是否一样?

4. 反相色谱中,流动相 pH 应控制在什么范围内?如果 pH 过小或过大会对色谱柱产生什么影响?

5. 流动相中为什么不能有固体颗粒?怎样除去细小固体颗粒?

(余邦良)

实验八　高效液相色谱法测定液体食品中的糖精钠

一、实验目的

1. 掌握高效液相色谱仪的基本操作;利用高效液相色谱法测定糖精钠的检测方法。

2. 熟悉高效液相色谱法测定液体食品中糖精钠的原理。

3. 了解高效液相色谱仪的构造。

二、实验原理

糖精分子式为 $C_7H_5O_3NS$,化学名称为邻苯甲酰磺酰亚胺,市场销售的商品糖精实际是邻苯甲酰磺酰亚胺的钠盐,简称糖精钠($C_6H_4CONNaSO_2 \cdot 2H_2O$)。糖精钠呈白色结晶或粉状,无臭或微有酸性芳香气,易溶于乙醚,在水中溶解度极小。糖精钠的甜度为蔗糖的 300~500 倍,它的稳定性较高,食后在体内不易分解,不被人体代谢吸收,是目前在我国使用的人工甜味剂之一。但是当食用过多的糖精钠后,会影响肠胃消化酶的正常分泌,降低小肠的吸收能力,使食欲减退。我国在 GB2760 - 2011《食品添加剂卫生标准》中对糖精钠的用量进行严格规定:糖精钠可用于酱汁、果汁、配制酒、冷饮类、饮料等食品中,糖精钠最大添加量为 0.15g/kg。

测定糖精钠的方法有高效液相色谱法、薄层色谱法、离子选择性电极法、紫外分光光度法、酚磺酞比色法、纳氏比色法等。本实验参考 GB/T 5009.28 - 2003 规定的高效液相色谱法测定液体食品中糖精钠的含量。样品经过各种提取后,将提取液过滤,经反相高效液相色谱分离测定,根据测定标准液的保留时间和峰面积,用外标法进行定性定量分析,并计算糖精钠的含量。

三、仪器和试剂

1. 仪器 高效液相色谱仪，紫外检测器，反相色谱柱（C_{18}，$5\mu m$，$250mm \times 4mm$），$20\mu l$ 微量进样器，水浴锅，电子分析天平（万分之一），流动相过滤器，微孔滤膜（$0.45\mu m$，水相和有机相），容量瓶，吸量管，广泛 pH 试纸。

2. 试剂 甲醇（色谱纯），乙酸铵（A.R），浓氨水（A.R），糖精钠（食品级），亚铁氰化钾，乙酸锌，蒸馏水，冰乙酸。

四、实验内容

1. 样品处理

（1）碳酸饮料、果酒、葡萄酒类液体食品：精密称取 10.00g 该液体食品（含糖精钠1~2mg），置于100ml 烧杯中，用70~80℃的水浴加热除去乙醇或二氧化碳，用50%的氨水调节 pH 至7左右，并将溶液转移至50ml 容量瓶中，加水至刻度线定容，经 $0.45\mu m$ 微孔滤膜过滤，滤液即为分析用样品。

（2）果汁类液体食品：精密称取 10.00g 该液体食品（含糖精钠 1~2mg），置于100ml 烧杯中，用50%的氨水调节 pH 至7左右，将溶液转移至50ml 容量瓶中，加水至刻度线定容，离心沉淀，取上清液经孔径 $0.45\mu m$ 滤膜过滤，滤液即为分析用样品。

（3）乳制液体食品：精密称取 10.00g 该液体食品（含糖精钠 1~2mg），置于50ml 容量瓶中，加入 4ml 亚铁氰化钾溶液，摇匀，再加入 4ml 乙酸锌溶液（称取 22.0g 乙酸锌 $[Zn(CHCOO)_2 \cdot 2H_2O]$ 溶于少量水中，加入3ml 冰乙酸，加水稀释至100ml），加水至刻度线定容，离心沉淀，取上清液，经孔径 $0.45\mu m$ 滤膜过滤，滤液即为分析用样品。

2. 系列标准溶液的配制

（1）糖精钠标准储备液的配制：准确称取经 120℃ 干燥 4 小时的糖精钠 0.0851g，加入少量水溶解，然后转移至100ml 容量瓶中，用水定容至刻度，摇匀即得含糖精钠 1.0mg/ml 的标准储备溶液。

（2）系列标准溶液的配制：取 8 个 50ml 的容量瓶，分别按照表 3-3 内容加入糖精钠 1.0mg/ml 的标准储备溶液，然后用蒸馏水稀释至刻度，摇匀备用。

表 3-3　配制糖精钠系列标准溶液的加入试剂用量及标准溶液的浓度表

试剂 \ 编号	1	2	3	4	5	6	7	8
1.0mg/ml 的标准储备溶液（ml）	0.25	0.5	0.75	1.00	1.25	1.50	1.75	2.00
蒸馏水	稀释至刻度（50.00ml）							
含糖精钠标准溶液浓度（μg/ml）	5	10	15	20	25	30	35	40

3. 流动相溶液的配制　甲醇：0.02mol/L NH_4Ac 水溶液（5:95）（可根据分离情况适当调节比例），使用前经 $0.45\mu m$ 滤膜流动相过滤器进行过滤，超声波脱气 10 分钟，备用。

4. 将色谱柱连入色谱系统。

5. 色谱条件　流动相：甲醇：0.02mol/L NH_4Ac 水溶液（5:95）（可根据分离情况适当

调节比例）；固定相：C_{18}反相键合色谱柱；检测器：紫外光检测器；检测波长：230nm；流速：1ml/min。

6. 色谱分析 取已配好的样品溶液和系列标准溶液各20μl，在上述色谱条件下分别注入高效液相色谱仪进行色谱分离分析，记录图谱。

7. 绘制标准曲线 以含糖精钠的浓度为横坐标，相应的测定的色谱峰面积（平均值）为纵坐标，绘制标准曲线。

8. 液体食品中糖精钠含量的测定 在相同色谱分析条件下，以标准糖精钠溶液色谱峰的保留时间为依据进行定性，确定样品溶液中糖精钠的色谱峰面积并记录在表3-4中，然后从标准曲线上查出糖精钠的含量，根据式（3-19）计算液体食品中糖精钠的含量。

$$糖精钠的含量（mg/kg）= \frac{c_x \times V \times 10^{-3}}{m \times 10^{-3}} \qquad (3-19)$$

式中，c_x为由标准曲线中找到样品稀释液中糖精钠的浓度，μg/ml；m为称取液体食品质量，g；V为样品稀释体积。

五、实验数据的记录与处理

按照表3-4记录各种溶液的色谱峰面积。

表3-4 系列标准溶液和样品溶液的色谱峰面积

测定次数	糖精钠系列标准溶液的浓度（μg/ml）								未知样品
	5	10	15	20	25	30	35	40	
1									
2									
平均值									

六、注意事项

1. 如果被测溶液含有气泡，对测定和仪器的使用均有影响，因此需将被测溶液微温并搅拌，使二氧化碳逸出。

2. 糖精钠标准溶液最好即配即用，不可放置过久。

3. 在本实验中，应根据样品的色谱出峰的具体情况选择合适的流动相配比。

4. 高效液相色谱应使用超纯水，如检测器基线的校正和反相色谱柱的洗脱。

5. 微量注射器使用完后应用蒸馏水清洗后再晾干。

6. 在检测完成后要及时用纯溶剂冲洗色谱柱，不可过夜。

七、思考题

1. 为什么通常在食品中添加糖精钠而不是糖精？

2. 样品检测前为什么经过预处理？

3. 列举流动相比例变化对色谱峰分离度的影响？

（余邦良）

实验九　高效液相色谱法测定可乐中的咖啡因

一、实验目的

1. 掌握高效液相色谱法进行定性分析的基本方法；高效液相色谱法的标准曲线定量分析方法。

2. 熟悉高效液相色谱仪的基本操作。

3. 了解高效液相色谱法测定咖啡因的基本原理。

二、实验原理

咖啡因又称咖啡碱，是由茶叶或咖啡中提取而得的一种生物碱，它属黄嘌呤衍生物，化学名称为 1，3，7 - 三甲基黄嘌呤。咖啡因对中枢神经系统有较强的兴奋作用，对大脑皮质具有选择性兴奋作用。小剂量能增强大脑皮质兴奋过程、改善思维活动、振奋精神、祛除瞌睡疲乏，使动作敏捷、工作效率增加。大剂量能直接兴奋延脑呼吸中枢及血管运动中枢，使呼吸加快加深、血压升高。医药上可用作心脏和呼吸兴奋剂，也是一种重要的解热镇痛剂，是复方阿司匹林和氨非加的主要成分之一，还有一定的利尿作用。在美国等地，咖啡因大量用作可口可乐等饮料的添加剂。咖啡因作为兴奋剂、苦味剂、香料，主要供可乐型饮料及含咖啡饮料使用。咖啡中含咖啡因为 2.0% ~ 4.7%，茶叶中含 1.2% ~ 8%。可乐饮料、复方阿司匹林（又称复方乙酰水杨酸，是最常用的解热镇痛药）等中均含咖啡因。

定量测定咖啡因的方法有薄层色谱法、薄层层析法、紫外分光光度法和反相高效液相色谱法等。本实验采用反相高效液相色谱法测定可乐中的咖啡因。先使已配制好的不同浓度的咖啡因标准溶液进入色谱系统，在整个实验过程中，如果流动相的流速和系统的压力是恒定的，测定它们在色谱图上的保留时间 t_R 和峰面积 A 后，可直接用保留时间 t_R 作为定性，用峰面积 A 作为定量，并采用标准曲线法（即外标法）求得可乐中咖啡因的含量。

三、仪器和试剂

1. **仪器**　高效液相色谱仪及其色谱工作站，反相色谱柱（C_{18}，5μm，250mm × 4mm），DAD 检测器，容量瓶，吸量管，超声波清洗机，孔径为 0.22μm 的过滤膜，真空泵。

2. **试剂**　甲醇（色谱纯），超纯水，可乐，咖啡因。

四、实验内容

1. **咖啡因贮备液的配制**　将咖啡因在 110℃下烘干 1 小时。准确称取 0.2000g 咖啡因，用流动相溶解，转移至 100ml 容量瓶中，并用流动相稀释至刻度，用 0.22μm 的过滤膜减压过滤，备用。此液浓度为 2mg/ml。

2. **咖啡因标准溶液的配制**　用吸量管分别取上述贮备液 0.10ml、0.20ml、0.30ml、0.40ml、0.50ml 于 5 个 10ml 容量瓶中，用流动相稀释定容并摇匀，得到浓度分别为 20μg/ml、40μg/ml、60μg/ml、80μg/ml、100μg/ml 的系列标准溶液。

3. **可乐样品的处理**　将约 50ml 可乐置于 100ml 洁净、干燥的烧杯中，剧烈搅拌 30 分钟或用超声波脱气 10 分钟，以除去可乐中二氧化碳。并将样品溶液进行干过滤（即用干漏斗、干滤纸过滤），弃去前过滤液，取后面的过滤液，再用 0.22μm 的过滤膜减压过滤，备用。

4. 色谱条件　流动相：甲醇：超纯水 ＝35：65（流动相需要用氦气脱气或超声波脱气）；流速：1.0ml/min；检测波长：275nm；进样量：10μl；柱温：室温。

5. 仪器基线稳定后，将咖啡因标准溶液由低浓度到高浓度顺序进样，重复 3 次，并记录峰面积和保留时间。

6. 取过滤后的可乐进样，重复 3 次，并记录峰面积和保留时间。

五、数据记录和结果处理

1. 数据记录　将系列标准溶液和未知试样咖啡因的保留时间、色谱峰面积记录在表 3－5 中。

2. 标准曲线的绘制　以系列标准溶液的浓度为横坐标、相应的色谱峰面积为纵坐标作图得到标准曲线，从标准曲线上找出可乐样品中咖啡因的浓度。

表 3 －5　系列咖啡因标准溶液和未知试样的保留时间和峰面积

序号	标样浓度（μg/ml）	保留时间（t_R）	色谱峰面积（A）
1	20		
2	40		
3	60		
4	80		
5	100		
6	可乐		

六、注意事项

1. 不同品牌的可乐中咖啡因含量不大相同，取样品量时可酌量增减。
2. 若样品和标准溶液需保存，应置于冰箱中。
3. 为获得良好重现性，标准品和被测样品的进样量要严格保持一致。

七、思考题

1. 用标准曲线法定量的优缺点是什么？
2. 若标准曲线用峰高对咖啡因浓度作图，能给出准确结果吗？与本实验的标准曲线相比何者优越？为什么？
3. 在样品干过滤时，为什么要弃去前过滤液？这样做会不会影响实验结果？为什么？

（余邦良）

实验十　甲醇、乙醇、正丙醇混合物的气相色谱分析

一、实验目的

1. 掌握气－固色谱法的分离原理；归一化法定量的基本原理及测定方法。

2. 熟悉气相色谱仪的仪器组成、工作原理以及使用方法。

二、实验原理

气相色谱的分离原理是基于样品中各组分在色谱柱中的气相和固定相间的分配系数不同而进行的。样品在气化室气化后被载气带入色谱柱中，各组分在固定相与流动相中进行反复分配，由于固定相对不同组分的吸附或溶解能力不同（即保留作用不同），因此各组分随流动相的运行速度不同，经过一定时间后，彼此分离，按一定顺序离开色谱柱进入检测器。检测器将各组分浓度（或质量）的变化转换成电信号，信号经过放大后在记录仪上记录下来，得到色谱图。测量峰高或峰面积，采用外标法、内标法或归一化法，可确定待测组分的质量分数。

在一定操作条件下，选用合适的固定相，并使用热导池检测器，可使甲醇、乙醇、正丙醇混合物完全分离。在一定条件下，同系物的半峰宽与保留时间成正比，即：

$$W_{1/2} = bt_R; \qquad A = hW_{1/2} = hbt_R$$

在进行相对计算时，比例系数 b 可约去，这样就可用峰高与保留时间的乘积来表示同系物峰面积的大小。

使用归一化法定量，要求样品中的各组分能完全分离，即在色谱图中各组分的色谱峰相互分离。假设样品中含有 n 个组分，每个组分的质量分别为 m_1、m_2、m_3、$\cdots$、m_n，各组分含量的总和为 m，其中组分 i 的质量分数 x_i 为：

$$
\begin{aligned}
x_i &= \frac{m_i}{m} \times 100\% = \frac{m_i}{m_1 + m_2 + m_3 + \cdots + m_n} \times 100\% \\
&= \frac{A_i f_i}{A_1 f_1 + A_2 f_2 + \cdots + A_n f_n} \times 100\%
\end{aligned}
\qquad (3-20)
$$

式中，f 为质量校正因子，同系物的 f 值非常接近。

归一化法的优点是计算简便，测定准确，结果与进样量无关。

三、仪器和试剂

1. 仪器　GC - 7890 气相色谱仪，毛细柱进样口（S/SL），热导检测器（TCD），色谱柱（内径：4mm，柱长：2m，固定相：GDX - 103，60 ~ 80 目），10μl 微量注射器，空气泵等。

2. 试剂　甲醇、乙醇和正丙醇的混合液。

3. 实验条件　高纯 N_2 作载气，流速：20ml/min。

四、实验内容

1. 检查气体的压力，然后打开所有气体开关，开启电源，打开电脑及色谱仪工作站，按照气相色谱仪的使用方法开机并使之运行正常。本实验设置参数为：柱温 100℃；检测器温度 150℃，桥电流：150A；气化室温度 150℃；载气（N_2）流速为 20ml/min。

2. 配制甲醇、乙醇、正丙醇标准溶液，浓度均为 100μg/ml。

3. 待仪器运行稳定后，用微量注射器分别准确抽取 1.0μl 甲醇、乙醇、正丙醇的标准溶液，从进样口注入，注意注射器内应没有气泡，记录各峰的保留时间（t_R）和醇的峰底宽度。

4. 在完全相同的操作条件下，测定未知浓度的混合醇溶液。

五、数据分析

1. 根据单个醇的色谱数据对混合样品进行定性判断。

2. 采用归一化法计算未知浓度的混合醇溶液中各组分的质量百分含量。

六、注意事项

1. 实验室温度及湿度应满足仪器实验要求。

2. 进样速度要尽量快，使样品瞬间汽化，这样才能保证测量的准确性。

3. 实验中严格保持实验条件不变（包括载气流速、进样口温度、柱温、检测器温度等），这样才能保证保留时间的重现性。

4. 柱温的升温速率切忌过快，以保持色谱柱的稳定性。关机时一定要等柱温降下来再关载气。

七、思考题

1. 如何利用色谱峰进行定性分析各主要峰的归属？

2. 讨论影响浓度测定准确性的因素有哪些？分别有怎样的影响？

（曾　艳）

实验十一　气相色谱法测定甲苯和乙苯

一、实验目的

1. 掌握气相色谱法分离的基本原理及规律；外标法进行定量的原理和计算过程。

2. 熟悉气相色谱仪的基本结构、工作原理及使用方法。

二、实验原理

气相色谱法能够实现混合物分离的外因在于流动相的不断运动。由于流动相的流动使各组分与固定相之间发生反复的吸附（或溶解）和解吸（或挥发）过程，在这个过程中，各组分在固定相上的移动速度不同，从而实现不同组分的完全分离。各组分按一定顺序离开色谱柱进入检测器，在记录器上绘制出各组分的色谱峰。在色谱条件一定时，各个组分都有确定的保留参数，如保留时间、保留体积及相对保留值等。因此，在相同的色谱操作条件下，通过比较已知对照样品和未知物的保留参数，即可确定未知物为何种物质。测量峰高或峰面积，采用外标法、内标法或归一化法，可确定待测组分的质量分数。

外标法是气相色谱常用的定量分析方法之一。该方法需首先配制一系列不同浓度梯度的被测组分的标准溶液，然后对相同体积标准溶液在同一色谱条件下进行色谱分析，以峰面积或峰高对浓度绘制校准曲线，最后在相同色谱条件下，取相同体积的被测样品进行色谱分析，根据所得峰面积或峰高，从校准曲线中查出被测组分含量。外标法简单、不需要校正因子，但对测试条件和进样量有严格要求。

三、仪器和试剂

1. 仪器 气相色谱仪，毛细柱进样口（S/SL），氢火焰检测器（FID），HP-5 毛细柱（30m，320μm×0.25μm），10μl 微量注射器，空气泵等。

2. 试剂 苯、甲苯、乙苯（均为分析纯），高纯 H_2（99.999%），干燥空气，高纯 N_2（99.999%）。

3. 实验条件 高纯 N_2 作载气，压强为 0.03~0.04MPa；氢气压强为 0.02~0.03MPa；空气压强为 0.025MPa。

四、实验内容

1. 甲苯、乙苯标准溶液的配制 以苯为溶剂，准确配制甲苯、乙苯的系列标准溶液，其浓度为 1.0×10^{-5} mol/L、5.0×10^{-6} mol/L、1.0×10^{-6} mol/L、5.0×10^{-7} mol/L 和 1.0×10^{-7} mol/L。

2. 仪器检查 检查气体的压力，然后打开所有气体开关。

3. 实验参数设置 开启电源，打开电脑及色谱仪工作站，按照气相色谱仪的使用方法开机并使之运行正常。本实验设置参数为：柱温 80℃；检测器温度 160℃；气化室温度 160℃；辅助载气（N_2）流速为 30ml/min；氢气流速为 30ml/min；空气流速为 400ml/min；毛细管柱载气（N_2）流速 1ml/min；尾吹气流速 30ml/min。

4. 标准曲线的绘制 待仪器运行稳定后，用微量注射器分别准确抽取 1.0μl 甲苯、乙苯的标准溶液，从进样口注入，注意注射器内应没有气泡，通过积分记录仪记录各色谱峰的保留时间（t_R）和峰面积。用峰面积对浓度作标准曲线。

5. 混合样品的测定 在完全相同的色谱条件下，测定未知浓度的混合芳烃溶液。再根据标准曲线计算得到未知样中甲苯及乙苯的含量。

6. 关机 实验结束后，首先退出化学工作站，并退出所有应用程序，关闭电脑；其次在气相色谱仪的主机键盘上关闭 FID 气体（H_2，Air），同时关闭 FID 检测器；再次对各热源（气化室、检测器等）降温，待各处温度降下来后（低于 50℃），关闭仪器电源；最后关载气和氢气阀，关闭空气压缩机，并进行全面检查。

五、数据分析

1. 根据单个芳烃的色谱数据对混合芳烃样品进行定性判断。
2. 采用外标法计算未知浓度的混合芳烃溶液中各组分的质量百分含量。

六、注意事项

1. 实验室的实验条件应满足测试条件（实验室温度及湿度）。
2. 进样速度要尽量快，使样品瞬间气化，这样才能保证测量的准确性。
3. 实验中严格保持色谱操作条件不变（包括载气流速、进样口温度、柱温、检测器温度等），这样才能保证保留时间的重现性。
4. 实验完成后应及时清洗取样器。

七、思考题

1. 色谱仪的开机流程，即开机顺序是怎样的？顺序错误会有什么结果？关机顺序又是怎样的？

2. 讨论影响气相色谱分离度的因素有哪些？分别可能对分离度造成怎样的影响？

（曾 艳）

实验十二　722 型分光光度计的性能检定

一、实验目的

1. 掌握 722 型分光光度计的正确使用方法。
2. 熟悉仪器的技术指标及一般检定方法。
3. 了解 722 型分光光度计的性能。

二、基本原理

722 型分光光度计利用反射棱镜和狭缝获得单色光，在 $360 \sim 800nm$ 之间可任意选择测定波长，波长读数具有一定精度。

它由光电转换元件（真空光电管）和放大器组成检测系统，测量光透过溶液的透光率。仪器应具有足够的稳定性、灵敏度和重现性。

成套比色皿中各个比色皿的透光性能应相同，厚度（光径长度）应一致。

上述各项性能应符合仪器标准所规定的技术指标。

三、仪器和试剂

1. 仪器　722 型分光光度计，玻璃比色皿（光径为 1cm）。
2. 试剂　$K_2Cr_2O_7$（基准试剂），$CuSO_4 \cdot 5H_2O$（基准试剂），$CoCl_2 \cdot 6H_2O$（A. R）。

四、实验内容

1. 722 型分光光度计使用方法

（1）打开比色皿暗箱盖，打开仪器电源开关，选择实验的单色光波长和适宜的灵敏度档。

（2）放大器灵敏度有 8 档，是逐渐增加的。"1"档灵敏度最低，"8"档灵敏度最高。实验时应尽可能采用灵敏度较低的档，这样仪器将有更高的稳定性。当灵敏度不够时再逐档升高。改变灵敏度后须重新校正仪器的"0"和"100％"。

（3）预热 20 分钟后，将参比溶液和被测溶液置于比色皿架内。第一格放置参比溶液，被测溶液一般按由外往里从低向高浓度排列。

（4）在比色皿暗箱盖打开的条件下，调节"0"旋钮使数字显示"0"，然后将比色皿暗箱盖合上，使比色皿架处于参比溶液校正位置，此时光电管受光。调节"100％"旋钮使数字显示"100％"。连续几次调整"0"和"100％"，仪器即可进行测定工作。

（5）在比色皿暗箱盖合上情况下，推拉比色皿架拉杆，使测量溶液进入光路，并移动光标到吸光度，从数字显示屏上读取吸光度值，记录即得。

（6）用毕关闭开关，取出比色皿用纯水多次淋洗，小心晾干保存。仪器左侧的干燥剂筒内硅胶应保持蓝色干燥。

2. 玻璃比色皿检查

（1）透光面玻璃应无色透明，透光率不低于84%；在360～800nm范围内透光率的差值不大于5%。以空气为100%透光，在360～800nm内选择3～5个具有代表性的波长，测定空比色皿的透光率，应符合规定。

（2）成套比色皿，同内径者透光率相互差值不大于0.5%。

（3）比色皿应该经受6mol/L $NH_3 \cdot H_2O$、6mol/L HCl、98%乙醇、四氯化碳和苯五种介质各浸泡24小时后，无脱胶渗漏现象方可使用。

3. 分光光度计性能检查

（1）波长精度：722型分光光度计的波长精度应符合：（360～600nm）±3nm；（600～700nm）±5nm；（700～800nm）±8nm。检查方法：以镨钕滤光片的529nm吸收峰校对仪器波长的准确性。

（2）灵敏度：仪器的灵敏度是吸光度变化值与相应溶液浓度变化值的比值。

722型分光光度计的灵敏度指标为：

重铬酸钾 　　$\geqslant 0.012/3\mu g/ml$ 　　（$\lambda = 440nm$）

氯化钴 　　　$\geqslant 0.014/200\mu g/ml$ 　　（$\lambda = 510nm$）

硫酸铜 　　　$\geqslant 0.014/200\mu g/ml$ 　　（$\lambda = 690nm$）

检查方法：重铬酸钾和硫酸铜各以0.05mol/L硫酸溶解，氯化钴以0.1mol/L盐酸溶解。按下列方法各配置两种不同浓度的溶液，在上述所指各波长下用仪器分别测量吸光度。

重铬酸钾 　　$30\mu g/ml$ 和 $33\mu g/ml$

氯化钴 　　　$2000\mu g/ml$ 和 $2200\mu g/ml$

硫酸铜 　　　$2000\mu g/ml$ 和 $2200\mu g/ml$

设每种溶液的两个浓度间的变化值为ΔC，测得相应吸光度的变化值为ΔA，那么灵敏度为$\Delta A / \Delta C$。

（3）重现性：仪器在相同工作条件下，用同一种溶液连续重复测定7次，其透光率的最大读数与最小读数之差不应大于0.5%。

检查方法：用稳压电源，在690nm波长处，连续7次测定含铜量为$2000\mu g/ml$的硫酸铜标准溶液，其中最大读数与最小读数差值不超过规定值。

（4）稳定性：当电源电压不变时，10分钟内仪器读数指针的位移不应超过透光率上限的±1.5%。

检查方法：采用稳压电源，仪器经20分钟预热后，在580nm处，读数指针调到透光率为90%，经过10分钟后，观察并记录读数指针的位移值。

五、思考题

1. 同一套比色皿透光性的差异对分析结果的准确性有何影响？

2. 检查分光光度计的波长精度、仪器稳定性、灵敏度和重现性有何实际意义？

（余邦良）

实验十三　紫外分光光度法测定苯甲酸解离常数 pK_a

一、实验目的

1. 掌握测定苯甲酸在不同 pH 条件下的吸光度，根据计算公式求出苯甲酸的解离常数；紫外吸收光谱法测定弱酸解离常数的方法及在研究离子平衡中的应用。

2. 熟悉紫外 – 可见分光光度计的使用。

二、实验原理

利用分光光度法可以精确地测定弱酸或弱碱的解离常数。如果一个化合物紫外吸收光谱因其溶液的 pH，即溶液中氢离子浓度不同而不同，则可以利用紫外吸收光谱测定其解离常数 pK_a。

设弱酸 HA，在水溶液中的电离平衡式可表示为：$HA \rightleftharpoons H^+ + A^-$

它的解离常数可表示为：

$$K_a = \frac{[H^+][A^-]}{[HA]} \tag{3-21}$$

式（3-21）两边取负对数，则上式可写成：

$$pK_a = pH - \lg\left(\frac{[A^-]}{[HA]}\right) \tag{3-22}$$

若以 pH 值对 $\lg\left(\frac{[A^-]}{[HA]}\right)$ 作图可以获得一条直线，当 $[A^-]=[HA]$ 时，其截距为解离常数 pK_a。

绘制弱酸的紫外 – 可见光谱吸收曲线，在低、高两种 pH 状态时：在酸溶液中由于同离子效应的影响，HA 解离极少，测得的吸光度 A 可以看成是 HA 的吸光度 A_{HA}；在碱性溶液中 HA 几乎全部解离，测得的吸光度 A 可以看成是 A^- 的吸光度 A_{A^-}；由这两条吸收曲线就能方便地求出各自的 λ_{max} 值。配制不同 pH 的系列溶液，在合适的 λ 处测量它们的吸光度。

而当溶液的 pH 在 pK_a 附近时，HA 与 A^- 共存，平衡时其吸光度为（吸收液液层厚度都为 1cm）：

$$A = \varepsilon_{HA}C_{HA} + \varepsilon_A \cdot C_{A^-} \tag{3-23}$$

式中，ε_{HA}、ε_A 分别为 HA、A^- 的摩尔吸光系数；C_{HA}、C_{A^-} 分别为平衡时 HA、A^- 浓度。

在酸性溶液中测得的吸光度为：

$$A_{HA} = \varepsilon_{HA}C_0 \tag{3-24}$$

在碱性溶液中测得的吸光度为：

$$A_{A^-} = \varepsilon_A \cdot C_0 \tag{3-25}$$

式中，C_0 为 HA 的起始浓度，且

$$C_0 = C_{HA} + C_{A^-} \tag{3-26}$$

那么，C_{HA}、C_{A^-} 分别为：

$$C_{HA} = \frac{A - \varepsilon_A \cdot C_0}{\varepsilon_{HA} - \varepsilon_A} \tag{3-27}$$

$$C_{A^-} = \frac{\varepsilon_{HA}C_0 - A}{\varepsilon_{HA} - \varepsilon_{A^-}} \qquad (3-28)$$

将式（3-28）与式（3-27）相除得：

$$\frac{C_{A^-}}{C_{HA}} = \frac{\varepsilon_{HA}C_0 - A}{A - \varepsilon_{A^-}C_0} \qquad (3-29)$$

将（3-29）中 $\varepsilon_{HA}C_0$ 与 $\varepsilon_{A^-}C_0$ 分别用 A_{HA} 和 A_{A^-} 代替，得：

$$\frac{C_{A^-}}{C_{HA}} = \frac{A - A_{HA}}{A_{A^-} - A} \qquad (3-30)$$

将式（3-30）代入式（3-22）中，可得 pK_a 的计算公式：

$$pK_a = pH - \lg\left(\frac{A - A_{HA}}{A_{A^-} - A}\right) \qquad (3-31)$$

根据式（3-31），只需测定酸性溶液中 HA 的吸光度、碱性溶液中 A^- 的吸光度以及溶液 pH 接近 pK_a 时平衡混合物的吸光度，就可以计算出 HA 的解离常数 pK_a。

三、仪器和试剂

1. 仪器 紫外-可见分光光度计，pH 计，电子天平，1cm 石英比色皿，25ml、50ml 容量瓶，5ml、10ml 吸量管，20ml 移液管。

2. 试剂 1.00mol/L 苯甲酸，0.05mol/L H_2SO_4，1.00mol/L NaOH，0.20mol/L HAc，0.20mol/L NaAc，蒸馏水，pH=4.00 标准缓冲溶液，pH=6.86 标准缓冲溶液。

四、实验内容

1. pH=3.6 缓冲液的配制：量取 3.75ml 0.20mol/L NaAc 溶液置于 50ml 容量瓶，用 0.20mol/L HAc 溶液稀释，定容，混匀，即得。

2. pH=4.6 缓冲液的配制：量取 24.50ml 0.20mol/L NaAc 溶液置于 50ml 容量瓶，用 0.20mol/L HAc 溶液稀释，定容，混匀，即得。

3. 分别将所需溶剂加入 25ml 容量瓶中，配制成 4 种不同 pH 的待测苯甲酸溶液，见表3-6。

表3-6　配制4种不同 pH 的待测苯甲酸溶液时各种溶剂的用量（ml）

溶剂种类	溶液编号			
	1	2	3	4
1.00mol/L 苯甲酸	5.00	5.00	5.00	5.00
0.05mol/L H_2SO_4	2.50	0.00	0.00	0.00
1.00mol/L NaOH	0.00	5.50	0.00	0.00
pH=3.6 缓冲液	0.00	0.00	稀释至刻度	0.00
pH=4.6 缓冲液	0.00	0.00	0.00	稀释至刻度
蒸馏水	稀释至刻度	稀释至刻度	0.00	0.00

4. 用 pH 计测定以上配制好的 4 种不同 pH 的苯甲酸溶液的 pH 值，并记录数据。

5. 绘制 1~2 号苯甲酸溶液的紫外吸收光谱图。分别以 0.05mol/L H_2SO_4、1.00mol/L NaOH 作为参比溶液，测定波长为 210~300nm，每隔 2nm 测定一次，记录数据，以波长为横坐标、吸光度为纵坐标，分别绘制 1~2 号苯甲酸的紫外吸收光谱曲线，从而确定合适吸收波长作为

测定波长 λ。

6. 在确定波长 λ 下测定 1 ~ 4 号苯甲酸溶液的吸光度 A_{HA}、A_{A^-}、$A_{(pH=3.6)}$、$A_{HA(pH=4.6)}$，并将数据记录在表 3 – 7。

表 3 – 7　在确定波长下 1 ~ 4 号苯甲酸溶液的吸光度

溶液编号	1	2	3	4
吸光度 A				

7. 将溶液的 pH 值、吸光度值代入式（3 – 30）中，分别计算 pH = 3.6 和 pH = 4.6 条件下苯甲酸的解离常数，并计算其解离常数平均值。

五、注意事项

1. 在测定样品紫外吸收光谱时，应用空白溶剂进行校正，以消除溶剂吸收紫外光的影响。用同一溶剂连续测定若干样品时，只需做一次空白校正。若更换溶剂进行测定时，必须用该溶剂重新进行空白校正。

2. 石英比色皿价格昂贵，务必小心操作，谨防打碎。

六、思考题

1. 将测得的苯甲酸解离常数与文献值（25℃时 $pK_a = 6.3 \times 10^{-5}$）对照，讨论产生误差的原因。

2. 测得的弱酸解离常数是否与溶液的 pH、温度等其他条件有必然的联系？

3. 若改变测定波长，对解离常数值有何影响？请另选一个波长计算解离常数验证之。

4. 本实验能否用价格便宜的玻璃比色皿代替价格较贵的石英比色皿，为什么？

（余邦良）

实验十四　邻二氮菲显色法测定微量亚铁离子

一、实验目的

1. 掌握分光光度法测定微量亚铁离子对实验条件的选择；722 型分光光度计的使用方法。
2. 熟悉吸收曲线和标准曲线的制作方法。

二、实验原理

单一波长的光为单色光，由不同波长组成的光称为复合光，白光就是一种复合光。若两种颜色的光按适当的强度比例混合可组成白光，则这两种光称为互补色光。物质对光的吸收具有选择性，若溶液选择性地吸收了某种颜色的光，则溶液呈吸收光的互补光。将复合光分解成单色光，并分取其中某一波长的光称为分光。吸光度即为物质对某一波长光的吸收强度。分光光度法即是将复合光分解成单色光，并取其中某一波长的光，让其通过待测溶液，经溶液吸收一部分后，测定透射光的强度，从而确定待测溶液浓度的一种定量分析方法。

朗伯 – 比尔定律指出：当一适当波长的单色光通过稀溶液时，吸光度 A 与液层厚度 b 和

稀溶液浓度 c 的乘积成正比，见式（3-32）：

$$A = -\lg T = kcb \tag{3-32}$$

式中，A 为吸光度；T 为透光率；c 为稀溶液的浓度，mol/L 或 g/100ml；b 为液层的厚度，cm；k 为吸光系数，L/（mol·cm）或 100ml/（g·cm）。

在一定单色光、温度和溶剂等实验条件不变的情况下，吸光系数 k 是物质的特征常数，表明物质对某一特定波长光的吸收程度。所以，当液层厚度 b 一定时，吸光度 A 与稀溶液的浓度 c 成正比，见式（3-33）：

$$A = k'c \tag{3-33}$$

用分光光度法测定无机离子时，通常需用显色剂生成有色配合物，然后进行吸光度测定。用于测定亚铁离子的显色剂很多，其中邻二氮菲较为常用。邻二氮菲又称邻菲罗啉，它是测定亚铁离子（Fe^{2+}）的一种高灵敏度和高选择性试剂，与 Fe^{2+} 生成稳定的橙红色配合物，化学反应式如下：

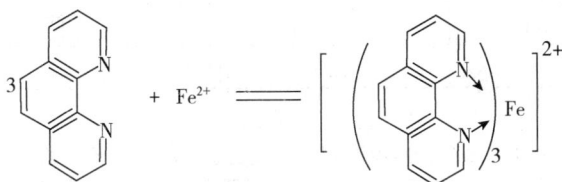

该配合物的摩尔吸光系数 ε 为 1.1×10^4 L/（mol·cm），在 pH 2~9 之间，颜色深浅与溶液的酸度无关。在有还原剂的存在下，颜色可保持几个月不变。Fe^{3+} 与邻二氮菲生成淡蓝色配合物，在进行吸光度测定前，需用盐酸羟胺将 Fe^{3+} 还原成 Fe^{2+}。

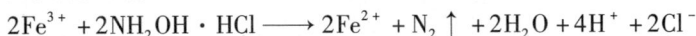

$$2Fe^{3+} + 2NH_2OH \cdot HCl \longrightarrow 2Fe^{2+} + N_2 \uparrow + 2H_2O + 4H^+ + 2Cl^-$$

此法选择性好，应用很广。

三、仪器和试剂

1. 仪器　722 型分光光度计，比色皿，容量瓶，移液管，洗瓶。

2. 试剂　10% 盐酸羟胺溶液，NaAc 溶液，0.15% 邻二氮菲溶液，0.2000mg/ml 标准铁溶液（用硫酸亚铁铵配制），未知铁溶液，去离子水。

四、实验内容

1. 系列标准溶液和未知液的配制　取 8 个容量瓶并分别编号为空白、1、2、3、4、5、6 和未知。按照表 3-8 中试剂顺序依次加入试剂。

表 3-8　加入试剂顺序和加入试剂量

试剂	空白	1	2	3	4	5	6	未知
标准亚铁溶液（ml）	0.00	0.10	0.20	0.30	0.40	0.50	0.60	1.00 *
盐酸羟胺溶液（ml）	1.00	1.00	1.00	1.00	1.00	1.00	1.00	1.00
邻二氮菲溶液（ml）	2.00	2.00	2.00	2.00	2.00	2.00	2.00	2.00
NaAc 溶液（ml）	5.00	5.00	5.00	5.00	5.00	5.00	5.00	5.00
去离子水（ml）				定容至 50.00				

注：* 1.00ml 指的是加入未知亚铁溶液 1.00ml。

2. 绘制吸收曲线，选择最大吸收波长 λ_{max}　选用 1cm 吸收池，以空白溶液作为参比，在 470～550nm 之间，用 3 号溶液为试样，在 722 型分光光度计上测出 3 号溶液在不同波长下的吸光度，并填入表 3－9。以波长为横坐标，吸光度为纵坐标，绘制吸收曲线。吸收曲线的峰值波长即为最大吸收波长 λ_{max}。

3. 绘制标准曲线　在最大吸收波长处分别测出 1 号、2 号、4 号、5 号、6 号和未知液的吸光度，并填入表 3－10 中。以吸光度对浓度作图得到经过原点的一条直线，即为标准曲线。

4. 未知试样溶液浓度的计算　用未知溶液的吸光度，从标准曲线上求得未知试样溶液稀释以后的浓度。最后乘以稀释倍数计算出未知试样溶液的浓度。

五、数据记录与处理

表 3－9　3 号溶液在不同波长下的吸光度

波长（nm）	470	480	490	500	505	510	515	520	530	540	550
吸光度 A											

$$\lambda_{max} = \underline{\hspace{2cm}} nm$$

表 3－10　系列标准溶液和未知液在最大吸收波长下的吸光度

样品编号	1	2	3	4	5	6	未知
浓度 $[(10^{-3})mg/ml]$							
吸光度 A							

六、注意事项

1. 比色皿有透光面和毛玻璃面，拿取比色皿时，手指不能接触其透光面，并注意保护透光面。

2. 装溶液时，先用该溶液润洗比色皿内壁 2～3 次；测定系列溶液时，通常按由稀到浓的顺序测定。

3. 被测溶液以装至比色皿的 2/3～3/4 高度为宜。

4. 装好溶液后，先用滤纸轻轻吸去比色皿外部的液体，再用擦镜纸小心擦拭透光面，直到洁净透明。

5. 一般参比溶液的比色皿放在第一格，待测溶液放在后面三格。

6. 实验中勿将盛有溶液的比色皿放在仪器面板上，以免沾污和腐蚀仪器，实验完毕，及时把比色皿洗净、晾干，并放回比色皿盒中。

七、思考题

1. 实验中醋酸钠的作用是什么？若用氢氧化钠代替醋酸钠，有什么缺点？

2. 在测定系列标准溶液的吸光度时，为什么要按从稀溶液至浓溶液的顺序进行测定？

3. 盐酸羟胺溶液有何作用？为什么盐酸羟胺溶液要在加入邻二氮菲溶液之前加入？

4. 在测定溶液浓度前为什么要找最大吸收波长？是不是任何情况下都在最大吸收波长处测定溶液的浓度？

（余邦良）

实验十五　苯甲酸红外吸收光谱的测绘
（KBr 晶体压片法制样）

一、实验目的

1. 掌握用红外吸收光谱进行化合物的定性分析；用压片法制作固体试样晶片的方法。
2. 熟悉红外分光光度计的工作原理及其使用方法。

二、实验原理

化合物受红外辐射照射后，使分子的振动和转动运动由较低能级向较高能级跃迁，从而导致对特定频率红外辐射的选择性吸收，形成特征性很强的红外吸收光谱，红外光谱又称振–转光谱。检测物质分子对不同波长红外光的吸收强度，就可以得到该物质的红外吸收光谱。红外光谱是鉴别物质和分析物质化学结构的有效手段，各种化合物分子结构不同，分子振动能级吸收的频率不同，其红外吸收光谱也不同，因此，红外吸收光谱法已被广泛应用于物质的定性鉴别、物相分析和定量测定，并用于研究分子间和分子内部的相互作用。

在化合物分子中，具有相同化学键的原子基团，其基本振动频率吸收峰（简称基频峰）基本出现在同一频率区域内，但由于同一类型原子基团在不同化合物分子中所处的化学环境有所不同，使基频峰频率发生一定移动。因此，掌握各种原子基团基频峰的频率及其位移规律，就可应用红外吸收光谱来确定有机化合物分子中存在的原子基团及其在分子结构中的相对位置。表 3–11 列出了苯甲酸分子中各原子基团基频峰的频率（$4000 \sim 650 \text{cm}^{-1}$）。

表 3–11　苯甲酸分子中各原子基团基频峰的频率

原子基团的基本振动形式	基频峰的频率（cm^{-1}）
$\nu_{=C-H}$（Ar 上）	3077，3012
$\nu_{C=C}$（Ar 上）	1600，1582，1495，1450
$\delta_{=C-H}$（Ar 上邻接五氢）	715，690
ν_{O-H}（形成氢键二聚体）	3000～2500（多重峰）
δ_{O-H}	935
$\nu_{C=O}$	1400
δ_{C-O-H}（面内弯曲振动）	1250

红外分光光度计分为色散型和傅里叶变换型两种。前者主要由光源、单色器（通常为光栅）、样品室、检测器、记录仪、控制和数据处理系统组成。以光栅为色散元件的红外分光光度计，是以波数为线性刻度、以棱镜为色散元件、以波长为线性刻度的仪器。傅里叶变换型红外光谱仪（FT–IR）则由光学台（包括光源、干涉仪、样品室和检测器）、记录装置和数据处理系统组成，由干涉图变为红外光谱需经快速傅里叶变换。该型仪器现已成为最常用的仪器。

本实验用溴化钾晶体稀释苯甲酸标样和试样，研磨均匀后，分别压制成晶片作参比，在相同的实验条件下，分别测绘标样和试样的红外吸收光谱，然后从获得的两张图谱中，对照上述的原子基团基频峰的频率及其吸收强度，若两张图谱一致，则可认为该试样是苯甲酸。

三、仪器和试剂

1. 仪器 傅里叶变换红外光谱仪，压片机，玛瑙研钵，红外干燥灯。

2. 试剂 苯甲酸（G.R），溴化钾（G.R），苯甲酸试样（经提纯）。

四、实验内容

1. 开启空调机，使室内温度控制在 18～20℃，相对湿度≤65%。

2. 苯甲酸标样、试样和纯溴化钾晶片的制作。取预先在 110℃下烘干 48 小时以上，并保存在干燥器内的溴化钾 150mg 左右，置于洁净的玛瑙研钵中，研磨成均匀、细小的颗粒，然后转移到压片模具上，依次放好各部件后，把压模置于压片上，旋转压力丝杆手轮压紧模具，顺时针旋转放油阀至底部，然后一边抽气，一边缓慢上下移动压把，开始加压至 1×10^5 ～ 1.2×10^5 kPa（100～120kg·cm^{-2}）时，停止加压，维持 3～5 分钟，反时针旋转放油阀，解除加压，压力表指针指"0"，旋松压力丝杆手轮取出压模，即可得直径为 1～2mm、厚 1～2mm 透明的溴化钾晶片，小心从压模中取出晶片，并保存于干燥器内。抽真空不充分时，空气吸附在片剂上容易破裂，也容易产生光的散射。

另取一份 150mg 左右溴化钾置于洁净的玛瑙研钵中，加入 2～3mg 优级纯苯甲酸，同上操作研磨均匀、压片并保存在干燥器中。

再取一份 150mg 左右溴化钾置于洁净的玛瑙研钵中，加入 2～3mg 苯甲酸试样，同上操作制成晶片，并保存在干燥器中。

3. 将试样薄片装在试样架上，插入红外光谱仪试样池的光路中，用纯 KBr 薄片为参比片，按仪器操作方法从 4000cm^{-1} 扫谱至 650cm^{-1}。

4. 扫谱结束后，取下试样架，取出薄片，按要求将模具、试样架等擦净收好。

五、数据及处理

1. 记录实验条件。

2. 在苯甲酸标样和试样红外光谱图上，标出各特征吸收峰的波数，并确定其归属。

3. 将苯甲酸试样光谱图与其标样光谱图进行对比，如果两张图谱上的各特征吸收峰强度一致，则可认为该试样是苯甲酸。

六、注意事项

1. 在药品的研磨的过程中一直在红外灯下进行以防药品变潮。

2. 在压片时药品不要放太多以防压出的晶片厚，在将药品放入模具后先将药品摊平再进行压片以防压出的片薄厚不均匀。

3. 注意压片机的使用，以防压出的晶片碎裂。

4. 制得的晶片，必须无裂痕、局部无发白现象，如同玻璃般完全透明，否则应重新制作。晶片局部发白，表示压片的晶片厚薄不均；晶片模糊，表示晶体吸潮。水在光谱图 3450cm^{-1} 和 1640cm^{-1} 处出现吸收峰。

七、思考题

1. 红外吸收光谱分析，对固体试样的制片有何要求？

2. 红外光谱实验室为什么对温度和相对湿度要维持一定的指标？

3. 如何利用红外光谱鉴定化合物中存在的基团及其在分子中的相对位置？

（何　丹）

实验十六　红外光谱法鉴定有机化合物结构

一、实验目的

1. 掌握压片法制备红外光谱试样的方法。

2. 结合红外光谱的理论知识，熟悉傅里叶红外光谱仪的工作原理及操作。

3. 了解根据红外光谱图进行结构分析的方法；鉴定未知化合物的一般过程。

二、实验原理

红外光谱又称为分析振动转动光谱，也是一种分析吸收光谱，当样品受到能量在 $4000 \sim 400 cm^{-1}$ 的连续变化的红外光照射时，分子吸收了某些频率的辐射，并由其振动或转动运动引起偶极距的净变化，产生分子振动或转动能级从基态到激发态的跃迁，使相对应于这些吸收区域的透射光强度减弱，记录红外光的百分透射比 $T\%$ 与波数 σ（或波长 λ）关系的曲线，就得到红外光谱，谱图中的吸收峰数目及所对应的波数是由吸光物质的分子结构所决定的，是分子结构的特征反映。任何气态、液态、固态样品均可进行红外光谱测定。除少数同核双原子分子如 O_2、N_2、Cl_2 等无红外吸收外，大多数分子都有红外活性，尤其是有机化合物的红外光谱能提供丰富的结构信息，可对物质进行定性、定量分析，特别是对化合物结构的鉴定，应用更为广泛。

红外光谱属于振动光谱，其光谱区域可进一步细分，见表 3 – 12。

表 3 – 12　红外光谱的分段

名称	波长（μm）	波数（cm^{-1}）	能级跃迁类型
近红外区（泛频区）	0.78 ~ 2.5	12820 ~ 4000	O—H、N—H 及 C—H 键的倍频吸收
中红外区（基本振动区）	2.5 ~ 50	4000 ~ 200	分子振动、转动
远红外区（转动区）	50 ~ 100	200 ~ 10	分子振动、转动

红外光谱最重要的应用是中红外区有机化合物的结构鉴定。通过与标准谱图比较，可以确定化合物的结构；对于未知样品，通过官能团、顺反异构、取代基位置、氢键结合以及络合物的形成等结构信息可以推测结构。

图 3 – 6 为苯的典型红外光谱图。横坐标为波数（cm^{-1}），纵坐标为透光率（$T\%$）。

红外光谱法进行定性分析，一般采用两种方法：

（1）已知标准物对照：标准试样和待测试样在完全相同的操作条件下，分别测绘出各自的红外光谱图，进行对比，图谱相同，则为同一化合物。

（2）标准图谱查对法：标准图谱查对是一种最直接、最可靠的方法。根据待测试样的来源、物理常数、分子式及红外吸收光谱图中的特征谱带，查对标准谱图来确定化合物。

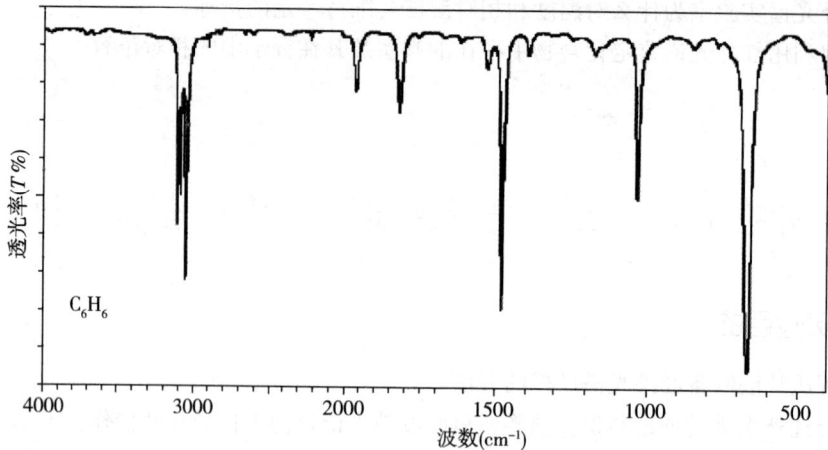

图 3 - 6 苯的红外吸收光谱图

三、仪器和试剂

1. 仪器 压片机、玛瑙研钵、盐池等。

2. 试剂 KBr（S. P），无水乙醇，脱脂棉，样品：有机未知物（固体或液体）。

四、实验内容

1. 参照仪器的使用方法，启动仪器并使之运行正常后，预热 20 ~ 30 分钟。

2. 固体样品（溴化钾压片法）制备：取 1 ~ 2mg 固体试样加入 100mg 的光谱纯 KBr 粉末于玛瑙研钵，充分研细（粒度小于 2μm），混合均匀，红外干燥灯下烘 10 分钟后，取适量装入专用的锭剂成型器中进行压片，当压力达到 58.84MPa 时，保持 2 ~ 3 分钟。取下模具后取出直径为 13mm、厚度为 1mm 的半透明薄片，置于样品片夹中，上机扫描测绘谱图。

3. 固体红外吸收光谱的测绘：将样品夹持器放入仪器的吸收池位置，当起始透光率大于20%，即可进行测量。测绘出样品的红外谱图，将扫到的红外光谱与已知标准谱图进行对照，找出主要吸收峰的归属，保存谱图。

4. 按仪器的使用方法关机。取下试样架，取出薄片，按要求将模具、试样架等擦净收好。

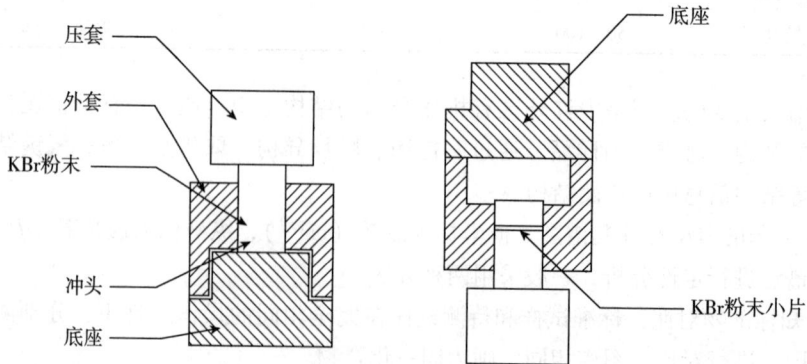

图 3 - 7 红外压片模具示意图

五、结果处理

在测定的谱图中根据出现的吸收带的位置、强度和形状，利用各种基团特征吸收的知识，确定吸收带的归属。若出现了某基团的吸收，应该查看该基团的相关峰是否存在。应用谱图分析，结合其他分析数据，可以确定化合物的结构单元，再按照化学知识和解谱经验，提出可能的结构式。然后查找该化合物标准谱图来验证推定的化合物结构式。

六、注意事项

1. 薄片的厚度要适当，在样品的研磨和放置的过程中要特别注意干燥，避免与吸潮液体或溶剂接触，不能用手直接接触盐片表面和锭剂成型器表面。

2. 每压制一次薄片后，都要将模片和模片柱用无水乙醇棉球擦洗干净，否则黏附在模具上的 KBr 潮解会腐蚀金属，损坏原有的光洁度。

3. 固体样品压片法时，试样量必须合适。应使光谱图中的大多数吸收峰的透射比处于 10% ~ 80% 范围内。试样量过多，制得的试样晶片太"厚"，透光率差，导致收集到的谱图中强峰超出检测范围；试样量太少，制得的晶片太"薄"，收集到的谱图信噪比差。

4. 红外光谱分析试样的制备技术又直接影响谱带的波数、数目和强度。物质的不同存在状态（气、固、液三种状态），测定时试样的制备方法是不同的，其吸收谱图也有差异，应加以注意。

七、思考题

1. 压片法是将试样分散在固体介质中，那么固体介质应具备哪些条件？

2. 压片法中试样研磨的粒度要小于 $2\mu m$，为什么？

3. 利用红外标准谱图进行化合物鉴定时应注意什么？

（何 丹）

实验十七　荧光法测定水中镁离子的含量

一、实验目的

1. 掌握用荧光标准曲线法进行定量测定的方法。

2. 熟悉荧光分光光度法的基本原理和实验技术。

3. 了解荧光分光光度计的使用方法。

二、实验原理

某些具有 π–π 电子共轭体系的分子易吸收某一波段的紫外光而被激发，如果该物质具有较高的荧光效率，则会以荧光的形式释放出一部分能量而回到基态。在发生荧光现象的基础上建立的分析方法称分子荧光分析法。当荧光分光仪器的参数固定后，以最大激发波长的光为入射光，测定最大发射波长光的强度，荧光强度与荧光物质的浓度成正比（稀溶液）。

无机离子一般不产生荧光，然而许多无机离子可以与一些具有 π 电子共轭结构的有机化合物形成有荧光的配合物，因此可用荧光法进行测定。镁离子与 8 - 羟基喹啉在 pH = 6.5 的醋酸盐缓冲溶液中生成强荧光性络合物（$\lambda_{Ex} = 380nm$，$\lambda_{Em} = 510nm$），此时 8 - 羟基喹啉本身的荧光强度很低，水中的其他物质不干扰测定。在一定浓度范围内，镁离子与 8 - 羟基喹啉反应生成的荧光络合物发射荧光的强度与浓度满足一定的线性关系，可采用标准曲线法进行定量分析。

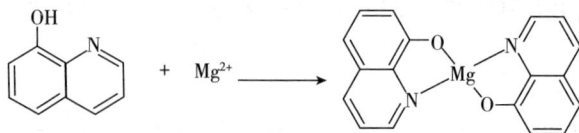

三、仪器和试剂

1. 仪器 棱光 960（或其他型号）荧光分光光度计，石英荧光比色皿，容量瓶若干，移液管若干。

2. 试剂 七水硫酸镁（A. R），8 - 羟基喹啉溶液（乙醇、醋酸盐缓冲液配制而成），去离子水，矿泉水、纯净水及自来水样。

四、实验内容

1. 硫酸镁标准贮备液的制备 精密称取分析纯七水硫酸镁约 25mg，置 100ml 量瓶中，用去离子水溶解并稀释至刻度，摇匀制得镁标准贮备液。

2. 标准系列溶液的制备 精密吸取镁标准贮备液 0.10ml、0.20ml、0.30ml、0.40ml 及 0.50ml，分别置 10ml 量瓶中，用 8 - 羟基喹啉溶液稀释至刻度，摇匀，制得标准系列溶液。

3. 试样溶液的制备 精密移取各水样 0.40ml，置 10ml 量瓶中，用 8 - 羟基喹啉溶液溶解并稀释至刻度，摇匀制得待测试样溶液。

4. 测定

（1）按仪器使用方法，先打开氙灯电源，后打开光度计电源，将 365nm 滤光片置于光路中，用 GOTO 键设定发射波长为 510nm。将中间浓度标准溶液放入吸收池按 SHUT，调节参数的设定：SENS 项输入 1 ~ 8 之间整数调节灵敏度，Y_{SCALE} 项输入 20 以下整数调节荧光强度值"放大倍数"，参数的设定以中间浓度标准溶液荧光强度为 30 ~ 50 之间为宜。

（2）校正空白吸收：将空白 8 - 羟基喹啉溶液放入吸收池，按 SHUT 键读出空白荧光强度值，在 BLANK 中输入这一空白值，即在接下来的测定中自动扣除空白。

（3）标准曲线测定：按顺序逐一放入标准溶液进行测定，记录荧光强度值，绘制标准曲线。

（4）试样测定：将样品液逐一放入吸收池测定荧光强度，根据校正曲线计算各水样中的镁含量。

5. 关机 先关闭氙灯，此时主机氙灯指示灯灭，运行指示灯亮。等待约 10 分钟再关闭主机电源，目的是保护氙灯。

五、注意事项

1. 在溶液的配制过程中要注意容量仪器的规范操作和使用。
2. 测定顺序为由低浓度到高浓度，以减少测量误差。

3. 进行标准曲线测定和试样测定时，应保持仪器参数设置一致。

六、思考题

1. 测量试样溶液、标准溶液时，为什么要同时测定8-羟基喹啉的空白溶液？

2. 如何选择激发光波长（λ_{Ex}）和发射光波长（λ_{Em}）？采用不同的λ_{Ex}或λ_{Em}对测定结果有何影响？

（崔　艳）

实验十八　荧光法测定乙酰水杨酸和水杨酸

一、实验目的

掌握用荧光法测定药物中乙酰水杨酸和水杨酸的方法；RF-970型荧光仪的操作方法。

二、实验原理

通常称为ASA的乙酰水杨酸（阿司匹林）水解即生成水杨酸（SA），而阿司匹林中，都或多或少存在一些水杨酸，用氯仿作为溶剂，用荧光法可以分别对其进行测定。加少许醋酸可以增加二者的荧光强度。在1%醋酸-氯仿中，可以测定乙酰水杨酸和水杨酸的激发光谱和荧光光谱（图3-8）。为消除药片之间的差异，可取几片药片一起研磨，然后取部分有代表性的样品进行分析。

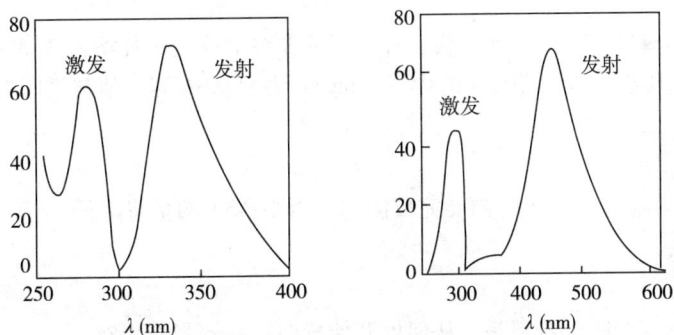

图3-8　1%醋酸-氯仿中乙酰水杨酸和水杨酸的激发光谱和荧光光谱

三、仪器和试剂

1. **仪器**　RF-970型荧光仪，石英比色皿，容量瓶1000ml 2只、100ml 8只、50ml 10只，10ml吸量管2只。

2. **试剂**　乙酰水杨酸储备液：称取0.4000g乙酰水杨酸溶于1%醋酸-氯仿溶液中，用1%醋酸-氯仿溶液定容于1000ml容量瓶中；水杨酸储备液：称取0.7500g水杨酸溶于1%醋酸-氯仿溶液中，并定容于1000ml容量瓶中。醋酸，氯仿。

四、实验内容

1. 绘制 ASA 和 SA 的激发光谱和荧光光谱 将乙酰水杨酸和水杨酸储备液分别稀释 100 倍（每稀释 10 倍，分两次完成）。用该溶液分别绘制 ASA 和 SA 的激发光谱和荧光光谱曲线，并分别找到它们的最大激发波长和最大发射波长。

2. 绘制标准曲线

（1）乙酰水杨酸标准曲线：在 5 个 50ml 容量瓶中，用吸量管分别加入 4.00μg/ml ASA 溶液 2.00ml、4.00ml、6.00ml、8.00ml、10.00ml，用 1% 醋酸－氯仿溶液稀释至刻度，摇匀。分别测量它们的荧光强度。

（2）水杨酸标准曲线：在 5 个 50ml 容量瓶中，用吸量管分别加入 7.50μg/ml SA 溶液 2.00ml、4.00ml、6.00ml、8.00ml、10.00ml，用 1% 醋酸－氯仿溶液稀释至刻度，摇匀。分别测量它们的荧光强度。

（3）阿司匹林药片中乙酰水杨酸和水杨酸的测定：将 5 片阿司匹林药片称量后磨成粉末，称取 400.0mg 样品，用 1% 醋酸－氯仿溶液溶解，全部转移至 100ml 容量瓶中，用 1% 醋酸－氯仿溶液稀释至刻度。迅速通过定量滤纸干过滤，用该滤液在与标准溶液同样条件下测量 SA 的荧光强度。

将上述滤液稀释 1000 倍（用三次稀释来完成），与标准溶液同样条件下测量 ASA 的荧光强度。

五、数据记录与处理

1. 从绘制的 ASA 和 SA 的激发光谱和荧光光谱曲线上，确定它们的最大激发波长和发射波长。

2. 分别绘制 ASA 和 SA 的标准曲线，并从标准曲线上确定试样溶液中 ASA 和 SA 的浓度，计算每片阿司匹林药片中 ASA 和 SA 的含量（mg），并将 ASA 测定值与说明书上的值比较。

六、注意事项

阿司匹林药片溶解后，1 小时内要完成测定，否则 ASA 的量将降低。

七、思考题

1. 标准曲线是直线吗？若不是，从何处开始弯曲？并解释原因？

2. 从 ASA 和 SA 的激发光谱和荧光光谱曲线，解释这种分析方法可行的原因。

（吕玉光）

实验十九　维生素 B_2 的简化荧光测定法

一、实验目的

1. 掌握荧光分析法的基本原理；标准曲线法测定物质含量的方法。

2. 了解荧光光度计的结构和使用方法。

二、实验原理

物质分子中有不同的能级，如电子能级、振动能级和转动能级。在常温，大多数分子处在电子基态的最低振动能级，分子受到辐射后会发生能级间的跃迁，即从低能级跃迁到高能级。当基态的一个电子吸收光能量被激发跃迁到较高的电子能态时，电子不发生自旋状态的改变，这时分子处于激发单重态。激发态各个能级不一样，有高能级，有低能级。较高能级的激发态通过振动弛豫和内部能量转换等非辐射形式释放部分能量后返回到第一激发单重态的最低振动能级，再以辐射的形式返回到基态发射出光量子，这就是荧光的产生。

维生素 B_2（又叫核黄素），微溶于水，在中性或酸性溶液中加热是稳定的；但可被光破坏，在碱性溶液中加热也可被破坏。维生素 B_2 为体内黄酶类辅基的组成部分（黄酶在生物氧化还原中发挥递氢作用），其生理功能为参与碳水化合物、蛋白质、核酸和脂肪的代谢，可提高肌体对蛋白质的利用率，促进生长发育；参与细胞的生长代谢，是肌体组织代谢和修复的必需营养素；强化肝功能、调节肾上腺素的分泌；保护皮肤毛囊黏膜及皮脂腺的功能。当人体缺乏维生素 B_2 时，就影响机体的生物氧化，使代谢发生障碍。其病变多表现为口、眼和外生殖器部位的炎症，如口角炎、唇炎、舌炎、眼结膜炎和阴囊炎等。在人体内维生素 B_2 的储存是很有限的，因此每天都要由饮食提供。

维生素 B_2 发射绿色荧光，荧光峰值波长为 535nm。在 pH6～7 的溶液中荧光最强，在 pH11 时荧光消失。对于维生素 B_2 稀溶液，荧光强度 F 与浓度 C 的关系为：

$$F = 2.303\varphi_f I_0 \varepsilon \, lC \qquad (3-34)$$

式中，φ_f 为物质的荧光效率；I_0 为激发光的强度；ε 为物质的吸光系数；l 为液层厚度。

在给定的物质和实验条件一定时，$2.303\varphi_f I_0 \varepsilon l$ 为常数，所以荧光强度与浓度成正比，即：

$$F = KC \qquad (3-35)$$

因此，可利用标准曲线法测定维生素 B_2 的含量。

三、仪器和试剂

1. 仪器 930 型荧光分光光度计，比色皿，激发滤光片，发射滤光片，容量瓶，吸量管，洗瓶。

2. 试剂 维生素 B_2，醋酸（A.R），去离子水。

四、实验内容

1. 维生素 B_2 贮备液的配制 准确称取 10.0mg 维生素 B_2，先溶于少量的 1% 醋酸中，然后转移到 1000ml 容量瓶中，用 1% 的醋酸稀释至刻度，摇匀，转移至棕色瓶中，并置于阴凉处。此液浓度为 10.0μg/ml。

2. 不同浓度标准溶液的配制 取五个 50ml 容量瓶，分别加入 1.00ml、2.00ml、3.00ml、4.00ml 和 5.00ml 上述维生素 B_2 贮备液，用去离子水稀释至刻度，摇匀。

3. 标准曲线的绘制 采用 430～440nm 激发滤光片和 535nm 发射滤光片，用浓度最大的标准溶液调节其荧光读数为满刻度（即 100%），以此作为荧光强度的基准，然后由低浓度到高浓度顺序测量系列标准溶液中其他溶液的荧光强度。

4. 未知试样的测定 取未知试液 10ml 置于 50ml 容量瓶中，用水稀释至刻度，摇匀。在相同的条件下，测量其荧光强度。

五、数据记录与处理

1. 将系列标准溶液的荧光强度和未知溶液的荧光强度记录在表 3 – 13 中。

表 3 – 13　系列标准溶液的荧光强度和未知溶液的荧光强度

样品编号	1	2	3	4	5	未知液
量取体积（ml）	1.00	2.00	3.00	4.00	5.00	10.00
浓度（μg/ml）						
荧光强度（F）						

2. 用系列标准溶液的荧光强度对相应的浓度作图得维生素 B_2 的标准曲线。

3. 利用未知试样的荧光强度，从标准曲线上求得维生素 B_2 稀释以后的浓度，再乘以稀释倍数即得维生素 B_2 的原始浓度。

六、思考题

1. 荧光是怎么产生的？荧光的产生与磷光的产生有何区别？
2. 在观察荧光时，为什么要在与入射光方向垂直的方向观察荧光？
3. 影响荧光强度的因素有哪些？
4. 荧光的波长与激发光的波长哪一个长，为什么？

（余邦良）

实验二十　原子吸收分光光度法测定自来水中的钙和镁

一、实验目的

1. 掌握应用标准曲线法测定自来水中的钙和镁；通过测定自来水中钙和镁的含量掌握原子吸收分光光度法的实际应用。

2. 了解原子吸收分光光度计的结构组成、工作原理和使用方法。

二、实验原理

原子吸收分光光度法（AAS）是基于蒸气中的基态原子对特征谱线的吸收来测定试样中元素含量的一种方法。原子吸收分光光度法由于具有灵敏度高、准确度高、选择性好和分析速度快等特点被广泛应用于临床医学、食品、药品、生物试样和环境科学中金属元素含量的测定。

原子吸收的测量分为峰值吸收和积分吸收。积分吸收是测量气态原子吸收共振线的总能量，但这是一种绝对测量方法，现在的分光装置无法实现。测量谱线的峰值吸收，需要使用锐线光源，提供锐线光源的装置是空心阴极灯。空心阴极灯的组成包括用被测元素材料制成的空腔形阴极和一个钨制阳极。阴极和阳极密封于充有几百帕低压惰性气体（氖气或氩气）的玻璃管中，管前是石英窗。其工作机制是在空心阴极灯阴极和阳极间加 300～500V 电压，使产生辉光放电，电子由阴极高速射向阳极，与充入的惰性气体碰撞并使之电离，正离子在电场作用下高速撞击阴极内壁表面，引起阴极物质溅射，溅射出来的金属原子与其他高速运动粒子相互碰撞而被激发。激发态的金属原子不稳定，立即退回到基态，从而发射出被测金属元素的特征共振谱线。

用峰值吸收时，由于峰值吸收是在中心频率两旁很窄范围内积分吸收测量，峰值吸收系数 K_0 略等于吸收系数 K_v，见式（3-36）：

$$K_0 \approx K_v \tag{3-36}$$

峰值吸收系数 K_0 反比于吸收线的半宽度 $\Delta\nu$，正比于积分吸收，见式（3-37）：

$$K_0 = \frac{2}{\Delta\nu}\sqrt{\frac{\ln 2}{\pi}} \int K_v \mathrm{d}\nu \tag{3-37}$$

又

$$\int K_v \mathrm{d}\nu = KN \tag{3-38}$$

将式（3-38）代入式（3-37）得式（3-39）：

$$K_0 = \frac{2}{\Delta\nu}\sqrt{\frac{\ln 2}{\pi}} KN \tag{3-39}$$

从式（3-38）可知，峰值吸收系数正比于原子总数。

又原子对特征谱线被吸收的程度服从朗伯-比尔定律，见式（3-40）：

$$A = \lg\frac{I_v}{I_0} = 0.434 K_v l \tag{3-40}$$

将式（3-36）和式（3-39）代入式（3-40）得式（3-41）：

$$A = 0.434\frac{2}{\Delta\nu}\sqrt{\frac{\ln 2}{\pi}} KNl \tag{3-41}$$

在测定条件一定时，原子吸收线半宽度 $\Delta\nu$ 为常数，于是：

$$A = KNl \tag{3-42}$$

实验条件一定时，被测元素的浓度 C 正比于原子总数 N，所以有式（3-43）：

$$A = K'C \tag{3-43}$$

三、仪器和试剂

1. 仪器 原子吸收分光光度计，钙空心阴极灯、镁空心阴极灯，压缩机，乙炔钢瓶，容量瓶，烧杯，玻棒，称量瓶，吸量管。

2. 试剂 无水氯化钙（A. R），无水氯化镁（A. R），去离子水。

四、实验内容

1. 无水氯化钙和无水氯化镁的干燥 各取适量无水氯化钙和无水氯化镁在 110℃温度下干燥至恒重。

2. 镁标准贮备液的配制 在干燥环境下准确称取氯化镁 0.1900g 置于 100ml 烧杯中，用去离子水溶解，溶解后将其转移到 100ml 容量瓶中，用去离子水洗涤小烧杯数次，将洗涤液一并转入容量瓶，加去离子水定容，摇匀备用。此液浓度为 20.0mmol/L。

3. 钙标准贮备液的配制 在干燥环境下准确称取氯化钙 0.2020g 置于 100ml 烧杯中，用去离子水溶解，溶解后将其转移到 100ml 容量瓶中，用去离子水洗涤小烧杯数次，将洗涤液一并转入容量瓶，加去离子水定容，摇匀备用。此液浓度为 20.0mmol/L。

4. 镁系列标准溶液的配制 用吸量管准确吸取镁标准贮备液 1.00ml、2.00ml、3.00ml、4.00ml、5.00ml 分别置于 5 个 50ml 容量瓶中，用去离子水稀释到刻度，摇匀。其浓度分别为：0.4mmol/L、0.8mmol/L、1.2mmol/L、1.6mmol/L、2.0mmol/L。

5. 钙系列标准溶液的配制 用吸量管准确吸取钙标准贮备液 1.00ml、2.00ml、3.00ml、4.00ml、5.00ml 分别置于 5 个 50ml 容量瓶中，用去离子水稀释到刻度，摇匀。其浓度分别为：0.4mmol/L、0.8mmol/L、1.2mmol/L、1.6mmol/L、2.0mmol/L。

6. 自来水样的配制 取自来水适量置于 50ml 容量瓶中，用去离子水稀释到刻度，摇匀。

7. 根据实验条件，按仪器操作步骤调节好原子吸收分光光度计，等基线平稳后方可进样。进样时，标准溶液要从低浓度到高浓度顺序进样，并记录吸光度值，然后在相同条件下进自来水样，并记录吸光度值。

五、数据处理

1. 标准曲线的绘制：以镁系列标准溶液的吸光度为纵坐标，浓度为横坐标作图，得到镁的标准曲线；以钙系列标准溶液的吸光度为纵坐标，浓度为横坐标作图，得到钙的标准曲线。

2. 利用自来水中镁离子和钙离子的吸光度从标准曲线上分别求得它们稀释以后的浓度，再乘以稀释倍数即得自来水中镁离子和钙离子的浓度。

六、注意事项

1. 空气压缩机的压力不要超过 0.2MPa，乙炔压力不要超过 0.1MPa。
2. 点燃火焰时先开空气压缩机，再打开乙炔阀；熄灭火焰时则相反。
3. 实验若用更高温度的氧化亚氮 – 乙炔火焰，可以抑制化学干扰，但由于温度增加，可能会出现电离干扰。

七、思考题

1. 原子吸收分光光度法中为什么要用被测元素的空心阴极灯作为光源？能否用其他的光源代替空心阴极灯？
2. 在操作过程中应注意哪些问题？
3. 采用原子吸收分光光度法测定钙离子和镁离子时会有哪些干扰，如何抑制这些干扰？
4. 采用标准曲线法测定物质含量有何优点和缺点？

（余邦良）

实验二十一 原子吸收分光光度法测定血清铁

一、实验目的

1. 掌握原子吸收光谱分析法的基本原理；原子吸收光谱法测定血清铁含量的方法。
2. 了解原子吸收光谱分析仪的基本结构及使用方法。

二、实验原理

标准曲线法是原子吸收光谱分析中最常用的方法之一，即先配制一系列已知浓度的标准溶液，在相同的实验条件下，依次测出它们的吸光度值，以标准溶液浓度为横坐标、吸光度值为纵坐标，绘制标准曲线。样品经过处理后，在与测标准溶液时同一实验条件下测定其吸光度值，在标准曲线上查出对应的浓度，换算成原始样品中待测元素的含量。

标准曲线法适用于共存基体成分较为简单的试样。当试样中共存基体成分较复杂时，应在标准溶液中加入相同类型和浓度的基体成分，减少或消除基体效应带来的干扰，必要时采用标准加入法进行定量分析。血清中其他杂质元素对铁原子吸收光谱分析基本没有干扰，试样经过适当的预处理和消化处理后，即可采用标准曲线法进行测定。

三、仪器和试剂

1. 仪器 AA7003 型原子吸收光谱仪，铁阴极空心灯，DZKX - Kit36 型智能消化炉，80 - 2 型离心沉淀机。

2. 试剂 浓硝酸，浓高氯酸，盐酸（均为优级纯），氧化镧（高纯试剂），牛血清成分分析标准物质（GBW 09131，- 20℃保存）；铁标准溶液：铁（GBW - E080281），质量浓度为 1000mg/L，4℃保存。实验用水均为去离子水。

3. 相关溶液配制

（1）5mol/L 硝酸溶液：量取 45ml 硝酸，加去离子水稀释至 1L。

（2）混合酸消化液：硝酸与高氯酸比为 4∶1，将高氯酸倒入 4 倍体积的硝酸中，混匀。

（3）2% 氯化镧溶液：称取 20g 氧化镧，加 75ml 盐酸于 1L 容量瓶中，加去离子水稀释至刻度。

（4）铁标准应用液：将铁标准溶液稀释 20 倍，用 0.5mol/L 硝酸溶液稀释，得铁标准应用液（50mg/L）。铁标准系列溶液：用上述标准应用液逐级稀释，得 0.1mg/L、0.2mg/L、0.4mg/L、0.6mg/L、0.8mg/L 标准系列溶液。

四、实验内容

1. 血液样品的采集及预处理 用 3% 硝酸溶液和医用酒精依次清洗皮肤，采 1 ~ 2ml 肘前静脉血于一次性真空采血管（无添加剂）中，待血凝固后（30 ~ 60 分钟），立即放入高速离心机（3000r/min，10 分钟）离心，吸取全部血清于用酸处理过的冻存管中，- 20℃保存，待测。

2. 消化处理过程 用移液器准确吸取 0.5ml 血清于 10ml 比色管 A 中，加入 1ml 混合酸（HNO_3∶HCl_4 = 4∶1），按阶段控制消化温度，稍冷，加去离子水定容至 5ml，加塞摇匀，可得铁待测溶液；用移液器吸取上述待测铁溶液 0.20ml 于 10ml 比色管 B 中，加 2% 氯化镧溶液定容至 5ml，加塞摇匀，可得铁待测溶液。取 0.5ml 去离子水与血清样品进行相同前处理，得空白对照溶液（比色管 A、B 是对比色管的编号，比色管本身无差别）。用相同方法对质控血清（牛血清成分分析标准物质，GBW 09131）进行处理。

消化温度的控制：整个消化过程分为 3 个阶段：第一阶段，消化炉开机预热至 150℃，待温度稳定后放入比色管 A（已加血清和混合酸）进行消化，本阶段主要为硝酸分解阶段，管内冒出大量棕色烟雾，升温过程必须缓慢，若升温过快，棕色烟雾生成过快，易造成喷溅

（注意：本阶段最易造成喷溅）。待棕色烟雾冒尽，进入第二控温阶段。本阶段用时大约40分钟。第二阶段，本阶段升温过程较快，主要蒸发消化管中的水分，消化过程中管内冒白色烟雾，不易喷溅。第三阶段，加热至280℃，本阶段待HCl分解，冒出大量白色烟雾，待白烟冒尽，比色管A近干，取下稍冷待用。本阶段管内可能出现少量火花，注意安全。整个消化过程在2小时内完成，不同实验室可自行调整。

3. 上机测定　原子吸收分光光度计开机预热30分钟，调节仪器至最佳条件，吸收线波长 λ：248.33nm，灯电流 I：3.0mA，通带 d：0.2mm，燃烧器高度 h：10mm，负高压：363kV，乙炔流量 Q：1.8L/min，空气流量 Q：3.0L/min。

按照标准溶液、空白溶液、待测样品溶液顺序进样，利用峰高积分，进样后待吸光度信号曲线平稳后积分，积分时间为2秒，积分3次，仪器根据线性回归方程自动求出空白管、待测样品中铁含量。

五、数据记录与处理

1. 记录实验条件
（1）仪器型号
（2）吸收线波长（nm）
（3）空心阴极灯电流（mA）
（4）狭缝宽度（mm）
（5）燃烧器高度（mm）
（6）乙炔流量（L/min）
（7）空气流量（L/min）
（8）燃助比：乙炔：空气 =
2. 将铁标准溶液系列吸光度值记录下来，然后以质量浓度为横坐标、吸光度为纵坐标，绘制标准曲线，计算回归方程和相关系数。
3. 测量血清样品的吸光度值，然后在标准曲线上查出对应浓度，根据以下公式进行血清中铁含量的计算。

血清中的铁含量 =（样品管A中铁含量测定值 − 空白管A铁含量测定值）× 10
血清中的铁含量单位为 mg/L。

六、注意事项

1. 原子吸收分光光度计的具体操作步骤：
①检查气路和电路连接、仪器下方水封管情况；②安装空心阴极灯；③打开主机电源开关、灯电流开关，调节空心阴极灯电流在适当范围，再调节空心阴极灯位置；④调节狭缝宽度；⑤选择测定波长；⑥调节燃烧器高度和位置；⑦开启通风机电源，室内排风；⑧先开空气，后开乙炔，然后点燃火焰，调节燃助比；⑨喷入去离子水清洗雾化器和燃烧器系统，并调零；⑩依次喷入试样，进行测试。测试完毕后，再喷入去离子水清洗雾化器和燃烧器；⑪测试完毕，先关乙炔，后关空气；⑫关闭通风机电源；⑬登记仪器使用情况，做好仪器清洁及整理。

2. 测定前，先用去离子水喷雾，调节读数至零点，然后按照浓度从低到高的原则，依次间隔测定铁标准溶液的吸光度。

七、思考题

1. 原子吸收光谱分析为什么要选待测元素的空心阴极灯作为光源？
2. 如何选择最佳的实验条件？
3. 从实验安全角度考虑，在操作时要注意哪些问题？

（付钰洁）

实验二十二　电感耦合等离子体原子发射光谱测定水中铅、镁、铝、铬含量

一、实验目的

1. 掌握电感耦合等离子体原子发射光谱分析的基本原理及操作技术；利用电感耦合等离子体发射光谱测定水样中铅、镁、铝、铬等离子含量的方法。
2. 了解电感耦合等离子体光源的工作原理。

二、实验原理

电感耦合等离子体（inductively coupled plasma，ICP）是原子发射光谱的重要光源，具有高温（等离子体中心温度高达10000K，可使试样完全蒸发和原子化）、环状通道、惰性气氛、自吸现象小等特点。在 ICP – AES 中，试样雾化成气溶胶，被氩载气携带进入等离子体炬焰，在高温炬焰作用下，溶质的气溶胶经历物理化学过程被迅速原子化，成为原子蒸气，并进一步被激发，发射出元素特征光谱，经分光后由摄谱仪记录，以此作元素的定量分析。ICP – AES 选择性好、灵敏度高、精密度高、线性范围宽，可用于 70 多种元素的分析，并可对百分之几十的高含量元素进行测定。本实验用电感耦合等离子体原子发射光谱仪，可同时检测水样中多种重金属离子的含量，以及水的质量情况。

三、仪器和试剂

1. 仪器　ICP – AES 仪。

2. 试剂　二次去离子水，Pb、Mg、Al、Cr 的单元素标准贮备液由国家标准物质研究中心提供（1000mg/L），稀释配制一系列不同浓度的待测元素标准溶液。

四、实验内容

1. 准备工作，确认真空度、高压开关，蠕动泵及毛细管、雾化室、矩管等安装正确，无漏气和堵塞，再打开汞灯预热。

2. 开机顺序：①开启通风机电源开关；②开启稳压电源开关；③打开氩气钢瓶上的减压阀；④开启 ICP 发生器电源总开关；⑤打开摄谱仪主机下部气阀；⑥撳供水及氩气按键；⑦撳氩载气按键（若需测定波长 200nm 以下的元素，需打开充气流量计，调节流量 4L/min，约 30 分钟后调至 2L/min）；⑧开启计算机电源开关；⑨确认气路工作正常，符合点火条件，

旋转 "POWER" 旋钮置于零处；⑩点火，按亮 "RF ON"，关闭 "Carrier Gas"，旋转 "RF POWER"，略停顿一下，再调至约 500W，按亮 "IGNITION" 键，将功率迅速加大至焰炬形成，再开启 "Carrier Gas"。

调整功率、等离子气、载气、冷却气及蠕动泵提升速度等所需工作条件。RF 功率 1150W，雾化压力 0.179MPa，辅助气流量 0.5L/min，样品提升量 2.405L/min，积分时间当 $\lambda < 265nm$ 为 20 秒，当 $\lambda > 265nm$ 为 8 秒。

3. 等离子体稳定 15 分钟左右（若做高精度或波长小于 200nm 元素分析，则需时更长，可通过不断采样判定），同时做汞灯准直。

4. 汞灯准直，按一下 "HG LAMP" 开关，此时其指示灯亮，待 "HG LAMP" 指示灯亮 5 分钟，调出准直光学系统的软件程序，对仪器光学系统进行准直。

5. 关闭汞灯，按一下 "HG LAMP" 开关，指示灯熄灭。若需用单色仪，则将拨杆开关拨至 "mono" 档。

6. 开始分析工作：①采集标准溶液，得到标准化因子；②采集试样空白，采集试样，根据试样数据进行在线分析，或将所有数据先存贮在计算机上，稍后做离线分析。

7. 分析结束，将 "POWER" 旋钮旋转至零，熄火按 "RF OFF"，关闭蠕动泵、载气、水及气阀，15 分钟后关闭钢瓶气源，关闭 RF 总开关及稳压电源开关，关闭计算机。

五、数据记录与处理

1. 记录实验条件
（1）光谱仪型号
（2）ICP 发生器频率、功率
（3）感应线圈匝数
（4）等离子体焰炬观察高度
（5）载气、冷却气、工作气体等流量
（6）试液提升量
（7）铅、镁、铝、铬的测定波长
（8）积分时间
2. 利用仪器软件做待测元素的标准曲线，得到线性方程和相关系数。
3. 水中待测元素浓度的计算，报告检测结果，以 $\mu g/g$ 表示。

六、注意事项

先配制浓度为 1000μg/ml 的待测元素标准贮备液，再稀释成浓度为 100μg/ml 的待测元素标准使用液，然后分别吸取 2.00ml、4.00ml、6.00ml、8.00ml、10.00ml 待测元素标准使用液于 5 只 100ml 容量瓶中，稀释至刻度，即为待测元素的标准系列溶液。

七、思考题

1. 简述等离子体炬焰的形成过程。
2. 为什么 ICP 光源能够提高光谱分析的灵敏度和精密度？

（付钰洁）

实验二十三　差热分析

一、实验目的

1. 掌握差热分析的基本原理及测量方法；用差热仪绘制 $CuSO_4 \cdot 5H_2O$ 的差热图；对差热曲线的处理方法，会对实验结果进行分析。

2. 了解差热分析仪的工作原理及使用方法。

二、实验原理

物质在受热或冷却过程中，当达到某一温度时，往往会发生熔化、凝固、晶型转变、分解等物理或化学变化，并伴随有焓的改变，因而产生热效应，其表现为样品与参比物之间有温度差。在升温或降温时发生的相变过程，是一种物理变化，一般来说由固相转变为液相或气相的过程是吸热过程，而其相反的相变过程则为放热过程。差热分析（differentiai thermal analysis，DTA）就是通过温差测量来确定物质的物理化学性质的一种热分析方法。差热分析是在程序控制温度下测量物质和参比物之间的温度差与温度或时间关系的一种技术。描述这种关系的曲线称为差热曲线或 DTA 曲线。由于试样和参比物之间的温度差主要取决于试样的温度变化，差热分析是一种主要与焓变测定有关并可以此了解物质相关性质的技术。

差热分析仪的结构如图 3-9 所示。它包括带有控温装置的加热炉、放置样品和参比物的坩埚、用于盛放坩埚并使其温度均匀的保持器、测温热电偶、差热信号放大器和信号接收系统。

将参比物与试样一起放入差热分析仪中，并以线性程序温度对它们加热。在升温过程中试样如没有热效应，则试样与参比物之间的温度差 ΔT 为零；而试样在某温度下有放热或吸热效应时，试样温度上升速度加快或减慢，就产生温度差 ΔT，把 ΔT 转变成电信号放大后记录下来，可得差热曲线图。物质典型的差热分析图如图 3-10 所示。差热曲线直接提供的信息有峰的位置、峰的面积、峰的形状和个数。通过它们不仅可以对物质进行定性和定量分析，而且还可以研究变化过程的动力学。

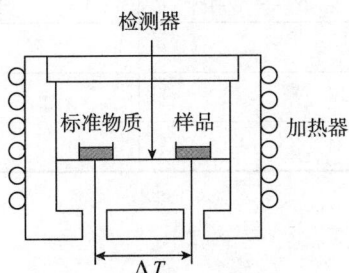

图 3-9　差热分析原理图

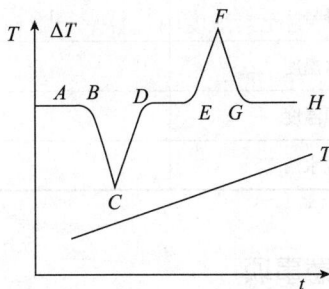

图 3-10　典型的差热图

$CuSO_4 \cdot 5H_2O$ 是一种蓝色斜方晶系，结构如下：

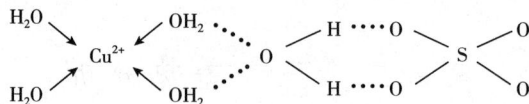

$CuSO_4 \cdot 5H_2O$ 在不同温度下，可以逐步失水：

$$CuSO_4 \cdot 5H_2O \xrightarrow{45℃} CuSO_4 \cdot 3H_2O \xrightarrow{110℃} CuSO_4 \cdot H_2O \xrightarrow{150℃} CuSO_4 （s）$$

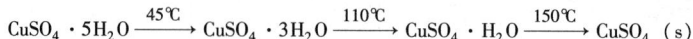

从反应式看，失去最后一个水分子显得特别困难，说明各水分子之间的结合能力不一样。四个水分子与铜离子以配位键结合，第五个水分子以氢键与两个配位水分子和 SO_4^{2-} 结合。

三、仪器和试剂

1. 仪器　差热分析仪（CRY－2），计算机。

2. 试剂　$CuSO_4 \cdot 5H_2O$，标准物 Sn，参比物 Al_2O_3 试剂。

四、实验内容

1. 开启仪器电源开关，将各控制箱开关打开，仪器预热。开启计算机开关。

2. 取两只洁净的坩埚，将待测样品放入一只坩埚中，在另一只坩埚中放入重量基本相等的参比物（Al_2O_3）。然后将其分别放在样品托的两个托盘上，盖好保温盖。

3. 抬升炉盖，将装好的 $CuSO_4 \cdot 5H_2O$ 样品放入炉中，盖好炉盖。

4. 打开计算机软件进行参数设定，横坐标 3000s、纵坐标 400℃、升温速率 12℃/min。

5. 参数设定完毕后点击开始实验，记录升温曲线和差热曲线，直至温度升至发生要求的相变且基线变平后，停止记录，读取数据，进行数据处理。

6. 实验完毕后由于温度较高所以不必取出坩埚，待坩埚冷却下次实验再取出即可。

五、数据记录和处理

1. 根据测定数据绘制 $CuSO_4 \cdot 5H_2O$ 的差热分析曲线。

2. 根据曲线记录数据。

样品	$CuSO_4 \cdot 5H_2O$		
峰号	1	2	3
脱水温度			
峰顶温度			
参考脱水温度			

六、注意事项

1. 坩埚一定要清理干净，否则埚垢不仅影响导热，而且杂质在受热过程中也会发生物理化学变化，影响实验结果的准确性。

2. 差热分析样品一般研磨到 200 目为宜，否则差热峰不明显；样品要均匀平铺在坩锅底部，否则作出的曲线极不平整。

七、思考题

1. DTA 实验中如何选择参比物？常用的参比物有哪些？
2. 差热曲线和热重曲线的形状与哪些因素有关？影响结果的主要因素是什么？

（何　丹）

实验二十四　核磁共振谱法测定乙酰乙酸乙酯互变异构体的相对含量

一、实验目的

1. 掌握核磁实验的基本原理和操作步骤；实验数据处理及简单谱图分析。
2. 了解脉冲傅里叶核磁共振谱仪的主要组成部分及简单工作原理。

二、实验原理

简要而言，核磁共振波谱法就是将自旋核放入磁场中，当用适当频率的电磁波照射时这些自旋核会吸收能量，发生原子核能级跃迁，产生核磁共振信号的过程。脉冲傅里叶核磁共振波谱仪一般包括五个主要部分：射频发射系统、探头、磁场系统、信号接收系统和信号处理与控制系统。脉冲傅里叶变换 NMR 波谱仪是用一个强的射频，以脉冲方式（一个脉冲中同时包含一定范围的各种频率的电磁波）将样品中所有的核激发。样品中每种核都对脉冲中单个频率产生吸收。为了恢复平衡，各个核通过各种方式弛豫，在接收器中得到自由感应衰减（FID）信号，经过傅里叶变换转换成一般的核磁共振图谱。为了提高信噪比，需要多次重复照射、接收，将信号进行累加。脉冲傅里叶变换 NMR 波谱仪的最大优点是分析速度快和灵敏度高，且易于实现累加技术，是目前最常用的一种 NMR 波谱仪。

乙酰乙酸乙酯实际是由酮式和烯醇式两种异构体组成的一个互变平衡体系。

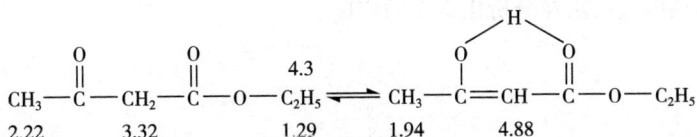

$$CH_3-\overset{\overset{\displaystyle O}{\|}}{C}-CH_2-\overset{\overset{\displaystyle O}{\|}}{C}-O-C_2H_5 \overset{4.3}{\rightleftharpoons} CH_3-\overset{\overset{\displaystyle O-H-O}{}}{C}=CH-C-O-C_2H_5$$

2.22　　3.32　　1.29　　1.94　　4.88

酮式和烯醇式异构体之间以一定比例呈动态平衡存在。在室温下，彼此互变的速率很快，不能将两者分离。这种同分异构体间以一定比例平衡存在，并能相互转化的现象叫作互变异构现象。乙酰乙酸乙酯的互变异构是由质子移位而产生的。酮式与烯醇式的相对含量与分子结构、浓度、温度等因素有关。不同物质的互变平衡体系中，异构体的比例不同。用核磁共振谱法测定，具有简单、快速的优点。酮式的羰甲基和烯醇式的甲基在谱图中不互相重叠，均为单峰且质子数较多，测定的准确度较好，故选择它们做定量测定较为合适。

三、仪器和试剂

1. 仪器　超导核磁共振谱仪，核磁样品管 5mm，100μl、0.5ml 微量进样器。

2. 试剂　乙酰乙酸乙酯（A. R）。

四、实验内容

1. 进样 用100μl微量进样器将样品装进核磁管，再用0.5ml的微量进样器加入0.5ml氘代氯仿（或者氘代苯）作为溶剂，盖上盖子，将样品管放到核磁仪器磁体中。

2. 设置 用鼠标点击设置溶剂（solvent）栏，选取所加入的溶剂（CDCl₃）。在命令输入窗口中输入getprosol获得参数，选取一维氢谱实验，随后系统会自动调出做一维氢谱实验的所需参数，包括实验激发核、去偶核、采样宽度、采样时间、采样点数、累加次数等内容。

3. 自动匀场 在命令输入窗口中输入atma↙调谐，输入topshim↙系统会自动调出自动匀场的程序，系统则会开始自动匀场。在命令输入窗口中输入rga↙进行参数优化。

4. 采样 点击菜单栏中，在样品转速稳定后输入命令zg↙，开始实验。同样系统提示实验完毕后，输入命令apk↙，进行自动调整相位和调整基线的高度、平整度。

5. 谱图处理 在主命令栏下面的命令栏中点击相应的命令：①自动调节相位apk；②自动调基线abs；③定标；④标峰；⑤积分；⑥打印。

五、实验数据及结果

由于两个异构体的质量分数等于其摩尔分数，也等于峰面积比。若以 I_a 和 I_b 表示 a 和 b 两组质子的积分值，ω_a 和 ω_b 表示两种异构体的含量，则：

$$\omega_a\% = \omega_a/(\omega_a + \omega_b) \times 100\% = I_a/(I_a + I_b) \times 100\% \tag{3-44}$$

$$\omega_b\% = \omega_b/(\omega_a + \omega_b) \times 100\% = I_b/(I_a + I_b) \times 100\% \tag{3-45}$$

把实验数据代入式（3-44）和式（3-45），求出酮式和烯醇式的各自含量。

六、思考题

1. 试比较化学法与核磁共振法测定乙酰乙酸乙酯互变异构体的相对含量的优缺点。

2. 酮式与烯醇式的相对含量除与分子结构、浓度和温度有关外，还与哪些因素有关？为什么用极性强的溶剂测出的酮式的质量分数高？

3. 为什么在实验开始前要匀场？

4. 举例说明核磁共振法在分析化学上的应用。

（宋玉光）

实验二十五　液质联用法测定利血平

一、实验要求

1. 掌握液质联用法测定利血平的实验条件的选择；液质联用仪的使用方法。
2. 熟悉外标法制作标准曲线的方法；质谱检测器提取离子流图定量的使用方法。

二、实验原理

质谱仪由三部分组成：第一部分是离子源，用于产生离子；第二部分是离子阱，用于收集并根据质量顺序释放离子；第三部分是检测器，用于检测离子以获取数据。另外还有电子控制系统用于控制和调整产生、收集和检测离子的各项参数。真空泵用于保持系统的真空状态，以保证离子传输和检测的效率。离子阱质谱可以收集离子，选择性的分离和激发离子进行碰撞破碎，连续检测离子以获得质谱图。本实验使用液相色谱将组分分离，使用质谱检测器检测，外标法定量。

三、仪器和试剂

1. 仪器 高效液相色谱仪，HCT，移液枪，容量瓶，分析天平，研钵。

2. 试剂 利血平标准品，色谱纯乙腈，超纯水。

3. 实验谱条件 液相条件：色谱柱 YWG – C18（10μm，250mm×4.6mm）；流动相为乙腈 – 水（60：40）；流速1ml/min，进样量20μl，柱温30℃。质谱条件：ESI 离子源，正离子模式，雾化气35psi，干燥气8L/min，干燥温度300℃，分子量检测范围300～1300。

四、实验内容

1. 对照品溶液配制 准确吸取利血平标准溶液10μl，加入乙腈490μl，得到利血平浓度为100pg/μl。逐级用乙腈稀释，使利血平浓度分别为5pg/μl、10pg/μl、20pg/μl、40pg/μl、80pg/μl。

2. 供试品溶液配制 精密称取供试品2mg，100ml 流动相溶解，稀释至适当浓度，经0.22μm 有机系膜过滤备用。

3. 制作标准曲线 在上述色谱条件下，待液相色谱柱平衡后，自动进样对照品20μl，记录离子流图。使用 EIC 提取离子流图，提取分子量为609.28，窗口宽度设定±0.005，得到利血平标准溶液的提取离子流图，以峰面积为纵坐标、样品浓度为横坐标，制作标准曲线。

4. 测定样品 在上述色谱条件下，待液相色谱柱平衡后，自动进样供试品20μl，记录离子流图。使用 EIC 提取离子流图，提取分子量为609.28，窗口宽度设定±0.005，得到供试品的提取离子流图，按外标法，以标准曲线计算即得。

五、数据记录与处理

记录供试品和各标准品的保留时间、峰面积。

六、注意事项

1. 样品溶液必须澄清透明，不含固体颗粒，不得将粗提物直接用于测样。

2. 使用液质联用，流动相中缓冲盐用易挥发的有机酸、有机碱，如甲酸、乙酸铵等，严禁使用无机酸、无机碱。严禁使用三氟乙酸，以免抑制离子响应。

3. 使用液质联用，流速0.5～1.0ml，并且必须同时使用分流装置，以免流速过大，不利于样品雾化。

4. 分析前以及分析完成后，需清洗管线至少半小时以上，确保无残留污染。

七、思考题

1. 外标法定量有哪些不足？如何改进？

2. 液质联用时，流动相使用缓冲盐需要注意哪些问题？

（宋玉光）

实验二十六　X射线粉末衍射法

一、实验目的

掌握粉末衍射法的原理和实验方法；利用衍射图谱进行物质的物相分析；索引和卡片的使用。

二、实验原理

单色X射线照射到粉末晶体或多晶体样品上，所得到的衍射图称为粉末图，应用粉末图解决有关晶体结构问题的方法称为粉末法。

与单晶不同，粉末样品因其中含有各个方向的晶体颗粒，故对其衍射图像的分析比较困难。但通过衍射图谱的规律性，能够认识晶格的基本性质。衍射线条出现的方向取决于布拉格方程。

当X射线与晶面所呈的入射角为θ时，则与该晶面平行的晶体内的原子排列面的反射会受到干涉，因此，只有符合$2d\sin\theta = \lambda$所规定的入射角θ的方向才能看到X射线衍射。

晶体内原子的排列随物质种类不同，可以具有各种不同的特征。一张衍射图谱上衍射线的位置仅与原子排列的周期性有关，而强度则取决于原子种类、数量、相对位置等性质。衍射线的位置和强度完整地反映了晶体结构的两个特征，从而成为辨别物相的依据。

物相鉴别的依据是衍射线方向和衍射强度。在衍射图谱上即衍射峰的位置和峰高，利用X射线仪可以直接测定和记录晶体所产生衍射线的方向（θ）和强度（I）。

实验中，算出待鉴定样品的衍射图谱上各衍射峰的d值和I值，通过查对粉末衍射卡片，即可得知待鉴定物质的化学式及有关结晶学数据。

三、仪器和试剂

1. 仪器　XRD-6000X射线衍射仪，玛瑙研钵，30cm^{2}的平板玻璃20块，样品板。

2. 试剂　未知样品。

四、实验内容

1. 样品准备　将样品在玛瑙研钵中研细，用手指压研无颗粒感即可。将样品板擦净放在玻璃板上，有孔一面向上，将粉末加到样品板孔中，略高于样品板，另用一玻片将样品压平、压实，除去多余试样。将样品板插入衍射仪的样品台上，并对准中线。

2. X射线衍射仪操作条件　实验条件：Cu：K$_a$为衍射源；管压：35V；管电流：20mA；限制狭缝：1°；发射狭缝：1°；接收狭缝：0.3°；扫描速度：4°/min；时间常数：0.1×20；记录纸速度：40mm/min；分析范围：5°~35°。

按上述条件启动X射线衍射仪，得到粉末衍射图。

五、数据记录与处理

1. 对每个衍射峰的2θ值求出对应的面间距d值，并按其相对强度I/I_0的大小列表。

2. 根据表中列出的实验结果，查索引与ASTM卡片对照，进行物相分析并确定未知样品。

六、注意事项

X射线是具有强大能量的光，有很强的穿透性，对人体有害，它又是肉眼看不见、没有任何感觉的光，所以操作者必须十分小心。

七、思考题

1. 用衍射图鉴定物相的理论依据是什么？
2. 实验中，如何得到一张良好的衍射图？

（吕玉光）

实验二十七　扫描电子显微镜扫描植物叶片

一、实验目的

1. 掌握扫描电镜样品的准备与制备方法；扫描电镜的基本操作，以及上机操作拍摄二次电子像。
2. 了解扫描电镜的基本结构与原理。

二、实验原理

扫描电镜（SEM）是一个复杂的系统，浓缩了电子光学技术、真空技术、精细机械结构以及现代计算机控制技术。成像是采用二次电子或背散射电子等工作方式。扫描电镜是在加速高压作用下将电子枪发射的电子经过多级电磁透镜汇集成细小的电子束。在末级透镜上方扫描线圈的作用下，使电子束在试样表面做光栅扫描（行扫＋帧扫）。入射电子与试样相互作用会产生二次电子、背散射电子、X射线等各种信息。这些信息的二维强度分布随试样表面的特征而变（这些特征有表面形貌、成分、晶体取向、电磁特性等），将各种探测器收集到的信息按顺序、成比率地转换成视频信号，再传送到同步扫描的显像管并调整其亮度，就可以得到一个反映试样表面状况的扫描图像。如果将探测器接收到的信号进行数字化处理即转变成数字信号，就可以由计算机做进一步的处理和存储。

三、仪器和试剂

1. 仪器　扫描电镜，离子溅射仪，真空抽泵机，CO_2临界干燥仪，玻璃瓶，滴管，样品台。

2. 试剂　戊二醛，PBS缓冲液，乙醇，乙酸异戊酯。

四、实验内容

1. 取材　新鲜植物叶片、花瓣、柱头，用新刀片取5mm×5mm大小组织块，放入小玻璃瓶中。

2. 固定　在通风橱中操作加入2%戊二醛固定液，放入真空抽泵机中抽真空，摇晃使得样品沉到瓶底。

3. 漂洗　用 PBS 缓冲液漂洗样品 3 次，每次 10 分钟。

4. 脱水　配置 30%、50%、70%、80%、90%、100% 的乙醇溶液，对样品逐级脱水处理，每次 10 分钟。

5. 置换　脱水 15 分钟，样品过渡到乙酸异戊酯，置换 2 次，每次 15 分钟。

6. 干燥　使用 CO_2 临界点干燥仪对样品干燥，应尽量完好保存样品表面的精细结构。

7. 镀膜　用镊子轻轻将样品置于清洁的样品台上，用双面胶黏好，放入离子溅射仪中，给样品渡金。

8. SEM 观察　调焦获得清晰、特异性好的图像并拍照。

五、注意事项

1. 扫描电镜样品要求干燥、导电。

2. 固定样品的时候尽量使样品保持采样时的状态。

六、思考题

1. 样品的漂洗时间与什么因素有关？

2. 为什么要使用脱水剂？

3. 漂洗的目的是什么？

（吕玉光）

第四章 仪器分析综合设计型实验

实验一 高效液相色谱法测定奶粉中的三聚氰胺

一、实验目的

1. 掌握实验方案设计方法和实验条件的优化原则；高效液相色谱法测定三聚氰胺的原理和方法。

2. 熟悉利用高效液相色谱仪对组分进行定性和定量分析的实验技术和操作方法。

3. 了解现有的三聚氰胺的检测方法，以及国家有关的使用规定和质量标准。

二、设计提示及要求

1. 国家质量监督检验检疫总局、国家标准化管理委员会于 2008 年 10 月批准发布了《原料乳和乳制品中三聚氰胺检测方法》（GB/T 22388 - 2008）。国家标准规定高效液相色谱法检测三聚氰胺的定量限为 2mg/kg。在检测时，应根据被检测对象与其限量值的规定，选用与其相适应的检测方法。

2. 三聚氰胺的极性很强，在传统液相色谱反相柱上几乎没有保留，因此需添加离子以改善试剂对其保留能力。

3. 根据高效液相色谱法测定奶粉中三聚氰胺的原理和方法及实际仪器试剂情况，运用所学过的知识经过分组讨论，设计实验方案。

4. 实验方案内容包括：①所选分析方法及其理论依据；②所需仪器和试剂（包括样品的处理，各种试剂的配制方法）；③具体操作步骤；④计算式（包括样品的取样量，测定实验结果的处理和误差来源分析）；⑤实验中应注意的事项；⑥参考文献。

5. 要求学生针对实验题目，自己预先查阅参考文献，搜集文献上对该题目的各种分析方法，结合本实验室的设备条件和本人的兴趣，选择其中的一种或两种方法，拟定实验方案，经指导老师审查同意后进行实验。

6. 独立实施实验方案，并对实验结果进行详细的归纳总结。分析自己设计实验方案的优缺点，提出改进意见，完成实验报告。

三、仪器和试剂

1. 仪器 高效液相色谱仪（配紫外检测器或二极管阵列检测器），C_{18} 色谱柱，超声波清洗器，高速离心机，涡旋混合器，固相萃取装置，阳离子交换固相萃取柱，氮气吹干仪，流动相过滤器，实验室常规玻璃仪器。

2. 试剂 奶粉，三聚氰胺标准品，待测样品预处理所需试剂，根据实验需要的其他试剂。

（余邦良）

实验二 分光光度法测定双组分有色混合物

一、实验目的

1. 掌握实验方案设计方法和实验条件的优化原则；光度法测定双组分有色混合物的原理和方法。

2. 熟悉分光光度计的基本实验技术和操作技能。

3. 发挥学生自主学习能力，巩固学过的基础知识和操作技术，提高学生查阅文献、解决问题和分析问题等方面的能力。

二、设计提示及要求

1. 根据分光度法测定双组分混合物的原理和方法及实际仪器试剂情况，经过分组讨论，设计一个实验方案。

2. 实验方案包括内容：①所选分析方法的理论依据；②所需仪器和试剂（包括样品的处理，各种试剂的配制方法）；③具体操作步骤；④计算式（包括样品的取样量，测定实验结果的处理和误差来源分析）；⑤实验中应注意的事项；⑥参考文献。

3. 要求学生针对实验题目，自己预先查阅参考文献，搜集文献上对该题目的各种分析方法，结合本实验室的设备条件和本人的兴趣，选择其中的一种或两种方法，拟定实验方案，经指导老师审查同意后进行实验。

4. 独立实施实验方案，并对实验结果进行详细的归纳总结。分析自己设计实验方案的优缺点，提出改进意见，完成实验报告。

三、仪器和试剂

1. 仪器 紫外 - 可见分光光度计，实验室常规玻璃仪器。

2. 试剂 $Co(NO_3)_2$溶液，$Cr(NO_3)_2$溶液，任意配制$Co(NO_3)_2$和$Cr(NO_3)_2$的混合样品，根据实验需要的其他试剂。

（余邦良）

实验三 红外光谱法鉴定有机化合物结构

一、实验目的

1. 掌握实验方案设计方法和实验条件的优化原则；压片法制备红外光谱试样的方法。

2. 结合红外光谱的理论知识，熟悉傅里叶红外光谱仪的工作原理及操作。

3. 了解根据红外光谱图进行结构分析的方法。

二、设计提示及要求

1. 根据红外光谱法测定有机化合物进行结构鉴定的原理和方法及实际仪器试剂情况，经过分组讨论，设计一个实验方案。

2. 实验方案包括内容：①所选分析方法的理论依据；②所需仪器和试剂（包括样品的制备，各种试剂的配制方法）；③具体操作步骤；④计算式（包括样品的取样量，测定实验结果的处理和误差来源分析）；⑤实验中应注意的事项；⑥参考文献。

3. 要求学生针对实验题目，自己预先查阅参考文献，搜集文献上对该题目的各种分析方法，结合本实验室的设备条件和本人的兴趣，选择其中的一种或两种方法，拟定实验方案，经指导老师审查同意后进行实验。

4. 独立实施实验方案，并对实验结果进行详细的归纳总结。并分析自己设计实验方案的优缺点，提出改进意见，完成实验报告。

三、仪器和试剂

1. **仪器**　压片机，玛瑙研钵，盐池等。

2. **试剂**　KBr（光谱纯），无水乙醇，脱脂棉，样品：有机未知物（固体或液体）。

（何　丹）

实验四　荧光光度法测定硫酸奎宁片的荧光光谱和含量

一、实验目的

1. 掌握实验方案设计方法和实验条件的优化原则；荧光分光光度法测定硫酸奎宁的原理和方法。

2. 熟悉荧光分析法中标准曲线定量分析方法。

3. 了解荧光分光光度计的基本结构及操作方法。

二、设计提示及要求

1. 根据荧光分光度法测定组分的原理和方法及实际仪器试剂情况，经过分组讨论，设计一个实验方案。

2. 实验方案包括内容：①所选分析方法的理论依据；②所需仪器和试剂（包括样品的处理，各种试剂的配制方法）；③具体操作步骤；④计算式（包括样品的取样量，测定实验结果的处理和误差来源分析）；⑤实验中应注意的事项；⑥参考文献。

3. 要求学生针对实验题目，自己预先查阅参考文献，搜集文献上对该题目的各种分析方法，结合本实验室的设备条件和本人的兴趣，选择其中的一种或两种方法，拟定实验方案，经指导老师审查同意后进行实验。

4. 独立实施实验方案，并对实验结果进行详细的归纳总结。并分析自己设计实验方案的优缺点，提出改进意见，完成实验报告。

三、仪器和试剂

1. 仪器　F930 型荧光光度计，硫酸奎宁标准储备液（10mg/L），50ml 容量瓶 6 个，10ml 移液管 1 支，1cm 石英荧光比色皿 1 个。

2. 试剂　硫酸溶液（0.050mol/L），硫酸奎宁片。

（何　丹）

实验五　荧光分析法测定尿中维生素 B₂ 的含量

一、实验目的

1. 掌握荧光分析法的基本原理及方法。
2. 熟悉荧光分光光度计的使用方法。
3. 了解固相萃取法对样品进行分离纯化的技术。

二、设计提示及要求

1. 根据荧光分析法测定尿中维生素 B₂ 含量的原理和方法及实际仪器试剂情况，经过分组讨论，设计一个实验方案。

2. 实验方案包括内容：①所选分析方法的理论依据：维生素 B₂（VitB₂）又称核黄素，在一定波长的光波照射下发出荧光。在 pH6 ~ 7 的溶液中荧光最强，在其他条件恒定时，荧光强度 I_F 与 VitB₂ 毫浓度 c 成正比，即 $I_F = Kc$；当 pH > 11 时荧光消失。尿中共存物质干扰 VitB₂ 的测定，需将尿液通过硅镁吸附柱，使其中 VitB₂ 被硅镁吸附剂吸附，再用洗脱液洗脱，测定洗脱液中 VitB₂ 的荧光强度；采用标准曲线法进行定量；②所需仪器和试剂（包括样品的处理，各种试剂的配制方法）；③具体操作步骤；④计算式（包括样品的取样量，测定实验结果的处理和误差来源分析）；⑤实验中应注意的事项；⑥参考文献。

3. 要求学生针对实验题目，自己预先查阅参考文献，搜集文献上对该题目的各种分析方法，结合本实验室的设备条件和本人的兴趣，选择其中的一种或两种方法，拟定实验方案，经指导老师审查同意后进行实验。

4. 独立实施实验方案，并对实验结果进行详细的归纳总结。并分析自己设计实验方案的优缺点，提出改进意见，完成实验报告。

三、仪器和试剂

1. 仪器　荧光分光光度计，样品池，吸附柱（内径 0.8 ~ 1.0cm，柱长 8cm），脱脂棉，50ml、1000ml 容量瓶，10ml 比色管，2ml 刻度吸管。

2. 试剂　VitB₂ 标准贮备液（25mg/L）：准确称取 25.0mg 核黄素，加 400ml 双蒸水，加冰乙酸 1 ~ 2ml，加热溶解，冷却后转移至 1000ml 容量瓶中并用双蒸水稀释定容，摇匀，贮存于棕色试剂瓶中。

VitB₂ 标准应用液（0.5μg/ml）：取标准贮备液 1.00ml 于 50ml 棕色容量瓶中，用 0.1mol/L HAc 溶液稀释至刻度，摇匀（现用现配）。

硅镁吸附剂（60～100目），洗脱液：丙酮－冰乙酸－双蒸水（5：2：9），0.1mol/L HAc 溶液。

（吕玉光）

实验六 荧光分析法测定雪碧中防腐剂苯甲酸的含量

一、实验目的

1. 掌握荧光分析法的基本原理；荧光光谱仪的使用方法。
2. 学会如何建立一个分析方法。
3. 熟悉测定雪碧中苯甲酸含量的方法。

二、设计提示及要求

1. 根据荧光分析法测定雪碧中防腐剂苯甲酸含量的原理和方法及实际仪器试剂情况，经过分组讨论，设计一个实验方案。

2. 实验方案包括内容：①所选分析方法的理论依据：苯甲酸又名安息香酸，微溶于水（3.4g/L，25℃），可溶于乙醇，常作为食品的防腐剂和保鲜剂。苯甲酸在 pH = 2.5～4.0 时抑菌效果最好，对多种微生物（酵母、霉菌、细菌等）的生长有明显的抑制作用。由于苯甲酸的溶解度较低，在实际生产中大量使用其钠盐，抗菌作用是使其钠盐转变为苯甲酸后起作用的。国家规定，在直接饮用的碳酸饮料中，苯甲酸的最大使用量限定为 0.2g/kg。苯甲酸在激发波长为 280nm 的激发光的作用下能产生荧光，发射波长为 313nm 溶液的 pH 为 2～3。可用直接测量法测量苯甲酸的荧光强度，从而计算出试样中苯甲酸的含量。②所需仪器和试剂（包括样品的处理，各种试剂的配制方法）：③具体操作步骤；④计算式（包括样品的取样量，测定实验结果的处理和误差来源分析）；⑤实验中应注意的事项；⑥参考文献。

3. 要求学生针对实验题目，自己预先查阅参考文献，搜集文献上对该题目的各种分析方法，结合本实验室的设备条件和本人的兴趣，选择其中的一种或两种方法，拟定实验方案，经指导老师审查同意后进行实验。

4. 独立实施实验方案，并对实验结果进行详细的归纳总结。并分析自己设计实验方案的优缺点，提出改进意见，完成实验报告。

三、仪器和试剂

1. 仪器 荧光分光光度计，实验室常规玻璃仪器。

2. 试剂 苯甲酸，雪碧样品，无水醋酸钠，浓盐酸（HCl 含量 36%～38%，密度 1.18g/ml）。

（吕玉光）

实验七　毛细管电泳法测定复方维生素 B 片中各成分

一、实验目的

1. 掌握实验方案设计方法和实验条件的优化原则；毛细管电泳法的原理和方法。
2. 熟悉毛细管电泳仪的各部件、基本实验技术和操作技能。
3. 发挥学生自主学习能力，巩固学过的基础知识和操作技术，提高学生查阅文献、解决问题和分析问题等诸方面的能力。

二、设计提示及要求

1. 根据毛细管电泳的原理和方法及实际仪器试剂情况，经过分组讨论，设计一个实验方案。
2. 实验方案包括内容：①所选分析方法的理论依据；②所需仪器和试剂（包括样品的处理，各种试剂的配制方法）；③具体操作步骤；④计算式（包括样品的取样量，测定实验结果的处理和误差来源分析）；⑤实验中应注意的事项；⑥参考文献。
3. 要求学生针对实验题目，自己预先查阅参考文献，搜集文献上对该题目的各种分析方法，结合本实验室的设备条件和本人的兴趣，选择其中的一种或两种方法，拟定实验方案，经指导老师审查同意后进行实验。
4. 独立实施实验方案，并对实验结果进行详细的归纳总结。并分析自己设计实验方案的优缺点，提出改进意见，完成实验报告。

三、仪器和试剂

1. **仪器**　毛细管电泳仪，石英毛细管柱，实验室常规玻璃仪器。
2. **试剂**　NaOH 溶液，复方维生素 B 片，维生素 B_1，维生素 B_{12}，维生素 B_6，维生素 C，根据实验需要的其他试剂。

（周锡兰）

实验八　白酒中醇酯等主成分测定

一、实验目的

1. 掌握实验方案设计方法和实验条件的优化原则；气相色谱法测定挥发性组分的原理和方法。
2. 熟悉气相色谱仪的结构、基本实验技术和操作技能。
3. 发挥学生自主学习能力，巩固学过的基础知识和操作技术，提高学生查阅文献、解决问题和分析问题等诸方面的能力。

二、设计提示及要求

1. 根据气相色谱法的原理和方法及实际仪器试剂情况，经过分组讨论，设计一个实验方案。

2. 实验方案包括内容：①所选分析方法的理论依据；②所需仪器和试剂（包括样品的处理，各种试剂的配制方法）；③具体操作步骤；④计算式（包括样品的取样量，测定实验结果的处理和误差来源分析）；⑤实验中应注意的事项；⑥参考文献。

3. 要求学生针对实验题目，自己预先查阅参考文献，搜集文献上对该题目的各种分析方法，结合本实验室的设备条件和本人的兴趣，选择其中的一种或两种方法，拟定实验方案，经指导老师审查同意后进行实验。

4. 独立实施实验方案，对实验结果进行详细的归纳总结。并分析自己设计实验方案的优缺点，提出改进意见，完成实验报告。

三、仪器和试剂

1. 仪器 气相色谱仪，实验室常规玻璃仪器。

2. 试剂 甲醇（色谱纯），乙酸乙酯，乙酸丁酯（内标物），丁酸乙酯，乳酸乙酯，己酸乙酯，乙醇，正丙醇，正丁醇，异丁醇，仲丁醇，异戊醇均为分析纯，白酒溶液。

（周锡兰）

实验九 作图法测定电对的条件电位

一、实验目的

1. 掌握实验方案设计方法和实验条件的优化原则；作图法测定电对的条件电位的原理和方法。

2. 熟悉实验装置的连接方法。

3. 发挥学生自主学习能力，巩固学过的基础知识和操作技术，提高学生查阅文献、解决问题和分析问题等诸方面的能力。

二、设计提示及要求

1. 根据作图法测定电对的条件电位的原理和方法及实际仪器试剂情况，经过分组讨论，设计一个实验方案。

2. 实验方案包括内容：①所选分析方法的理论依据；②所需仪器和试剂（包括样品的处理，各种试剂的配制方法）；③具体操作步骤；④计算式；⑤实验中应注意的事项；⑥参考文献。

3. 要求学生针对实验题目，自己预先查阅参考文献，搜集文献上对该题目的各种分析方法，结合本实验室的设备条件和本人的兴趣，选择其中的一种或两种方法，拟定实验方案，经指导老师审查同意后进行实验。

4. 独立实施实验方案，并对实验结果进行详细的归纳总结。分析自己设计实验方案的优缺点，提出改进意见，完成实验报告。

三、仪器和试剂

1. 仪器 pH 计（电位计），铂电极，饱和甘汞电极，实验室常规玻璃仪器。

2. 试剂 Fe（NH$_4$）$_2$（SO$_4$）$_2$·6H$_2$O，FeNH$_4$（SO$_4$）$_2$·12H$_2$O，HCl 0.5mol/L，根据实验需要的其他试剂。

（巩丽虹）

实验十　核磁共振波谱法测定阿司匹林中杂质

一、实验目的

1. 掌握有机药物的^{1}H – NMR 谱、^{13}C – NMR 谱测定技术；简单核磁共振氢谱谱图的解析技能。

2. 了解核磁共振的基本原理和氢谱、碳谱的测定方法；核磁共振波谱仪的结构及初步掌握其使用方法。

二、设计提示及要求

阿司匹林（aspirin）制备以强酸［硫酸］为催化剂，以乙酐为乙酰化试剂，与水杨酸的酚羟基发生酰化作用形成酯。反应如下：

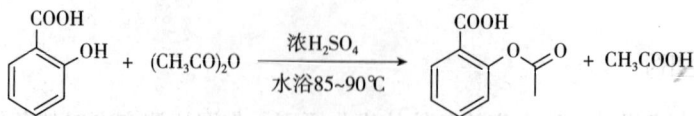

但是存在不同的副反应，以及没有反应的水杨酸等杂质。

1. 根据核磁共振法测定有机化合物的原理和方法以及实际试剂情况，经过分组讨论，设计合理的实验方案。

2. 实验方案包括：①所选方法的理论依据；②所需仪器和试剂（包括不同样品的准备）；③具体操作步骤；④实验中应该注意的事项；⑤参考文献。

3. 要求学生针对实验题目，自己预先查阅相关文献，对该题目进行分析、讨论，结合本实验室的设备条件和本人的兴趣，选择实验方案，经指导老师审查同意后进行实验。

4. 独立实施实验方案，对所有核磁图谱进行解析、归属，对实验结果进行详细的归纳总结，并完成实验报告。

三、仪器和试剂

1. 仪器　核磁共振波谱仪，NMR 样品管，移液枪以及所需的常规玻璃仪器。

2. 试剂　常用的氘代试剂：CDCl$_3$，D$_2$O，DMSO，C$_6$D$_6$，CD$_3$OD，CD$_3$COCD$_3$，C$_5$D$_5$N 等；粗品阿司匹林以及水杨酸，根据实验需要的其他试剂。

（宋玉光）

实验十一　液质联用法测定某中药指纹图谱、鉴定特定化学成分及含量测定

一、实验目的

1. 掌握实验方案设计方法和实验条件的优化原则；液质联用法测定物质含量的原理和方法；液质联用法鉴定中药特定化学成分的方法；外标法制作标准曲线的方法。

2. 熟悉内标法的原理和方法；液质联用仪的操作方法和软件使用方法。

3. 发挥学生自主的学习能力，巩固学过的基础知识和操作技术，提高学生查阅文献、解决问题和分析问题方面的能力。

二、设计提示及要求

1. 根据液质联用法测定特定物质含量的原理和方法，确定需要使用的仪器、试剂，经分组讨论，设计一个实验方案。

2. 实验方案内容包括：①所选分析方法的理论依据；②所需仪器和试剂（包括样品的处理，溶剂的配制）；③具体操作步骤；④计算式（包括样品的取用量，实验结果的处理和误差来源分析）；⑤实验中应注意的事项；⑥参考文献。

3. 要求学生针对实验题目，自己预先查阅参考文献，搜集文献上对该题目的各种分析方法，结合本实验室的设备条件和本人的兴趣，选择其中一种或两种方法，拟定实验方案，经指导老师审查同意后进行实验。

4. 独立实施实验方案，并对实验结果进行详细的归纳总结。分析自己设计实验方案的优缺点，提出改进意见，完成实验报告。

三、仪器和试剂

1. **仪器**　液质联用仪，分析天平，实验室常规玻璃仪器。

2. **试剂**　某中药粗提物，特定成分标准品，实验所需的其他试剂。

（宋玉光）

实验十二　原子吸收光谱法测定水中的钙、镁含量

一、实验目的

1. 掌握实验方案设计方法和实验条件的优化原则；原子吸收光谱法测定水中钙、镁含量的原理和方法。

2. 熟悉原子吸收光谱仪的基本实验技术和操作技能。

3. 发挥学生自主学习，巩固学过的基础知识和操作技术，提高查阅文献、解决问题和分析问题等诸方面的能力。

二、设计提示及要求

1. 根据原子吸收光谱法测定水中钙、镁含量的原理和方法及实际仪器试剂情况，经过分组讨论，设计一个实验方案。

2. 实验方案包括内容：①所选分析方法的理论依据；②所需仪器和试剂（包括样品的处理，各种试剂的配制方法）；③具体操作步骤；④计算式（包括样品的取样量，测定实验结果的处理和误差来源分析）；⑤实验中应注意的事项；⑥参考文献。

3. 要求学生针对实验题目，自己预先查阅参考文献，搜集文献上对该题目的各种分析方法，结合本实验室的设备条件和本人的兴趣，选择其中的一种或两种方法，拟定实验方案，经指导老师审查同意后进行实验。

4. 独立实施实验方案，并对实验结果进行详细的归纳总结。并分析自己设计实验方案的优缺点，提出改进意见，完成实验报告。

三、仪器和试剂

1. **仪器** 原子吸收光谱仪，实验室常规玻璃仪器。
2. **试剂** 碳酸镁，碳酸钙，去离子水，根据实验需要的其他试剂。

附录

附录一　国际相对原子质量表

[以相对原子质量 Ar (^{12}C) = 12 为标准]

序数	名称	符号	原子量	序数	名称	符号	原子量	序数	名称	符号	原子量
1	氢	H	1.0079	38	锶	Sr	87.62	75	铼	Re	186.207
2	氦	He	4.002602	39	钇	Y	88.9059	76	锇	Os	190.2
3	锂	Li	6.941	40	锆	Zr	91.224	77	铱	Ir	192.22
4	铍	Be	9.01218	41	铌	Nb	92.9064	78	铂	Pt	195.08
5	硼	B	10.811	42	钼	Mo	95.94	79	金	Au	196.9665
6	碳	C	12.011	43	锝	Tc	(98) *	80	汞	Hg	200.59
7	氮	N	14.0067	44	钌	Ru	101.07	81	铊	Tl	204.383
8	氧	O	15.9994	45	铑	Rh	102.9055	82	铅	Pb	207.2
9	氟	F	18.998403	46	钯	Pd	106.42	83	铋	Bi	208.9804
10	氖	Ne	20.179	47	银	Ag	107.868	84	钋	Po	(209)
11	钠	Na	22.98977	48	镉	Cd	112.41	85	砹	At	(210)
12	镁	Mg	24.305	49	铟	In	114.82	86	氡	Rn	(222)
13	铝	Al	26.98154	50	锡	Sn	118.710	87	钫	Fr	(223)
14	硅	Si	28.0855	51	锑	Sb	121.75	88	镭	Re	226.0254
15	磷	P	30.97376	52	碲	Te	127.60	89	锕	Ac	227.0278
16	硫	S	32.066	53	碘	I	126.9045	90	钍	Th	232.0381
17	氯	Cl	35.453	54	氙	Xe	131.29	91	镤	Pa	231.0359
18	氩	Ar	39.948	55	铯	Cs	132.9054	92	铀	U	238.0289
19	钾	K	39.0983	56	钡	Ba	137.33	93	镎	Np	237.0482
20	钙	Ca	40.078	57	镧	La	138.9055	94	钚	Pu	(244)
21	钪	Sc	44.95591	58	铈	Ce	140.12	95	镅	Am	(243)
22	钛	Ti	47.88	59	镨	Pr	140.9077	96	锔	Cm	(247)
23	钒	V	50.9415	60	钕	Nd	144.24	97	锫	Bk	(247)
24	铬	Cr	51.9961	61	钷	Pm	(145)	98	锎	Cf	(251)
25	锰	Mn	54.9380	62	钐	Sm	150.36	99	锿	Es	(252)
26	铁	Fe	55.847	63	铕	Eu	151.96	100	镄	Fm	(257)
27	钴	Co	58.9332	64	钆	Gd	157.25	101	钔	Md	(258)
28	镍	Ni	58.69	65	铽	Tb	158.9254	102	锘	No	(259)
29	铜	Cu	63.546	66	镝	Dy	162.50	103	铹	Lr	(262)
30	锌	Zn	65.39	67	钬	Ho	164.9304	104	𬬻	Rf	(261)
31	镓	Ga	69.723	68	铒	Er	167.26	105	𬭊	Db	(262)
32	锗	Ge	72.59	69	铥	Tm	168.9342	106	𬭳	Sg	(263)
33	砷	As	74.9216	70	镱	Yb	173.04	107	𬭛	Bh	(262)
34	硒	Se	78.96	71	镥	Lu	174.967	108	𬭶	Hs	(265)
35	溴	Br	79.904	72	铪	Hf	178.49	109	鿏	Mt	(266)
36	氪	Kr	83.80	73	钽	Ta	180.9479				
37	铷	Rb	85.4678	74	钨	W	183.85				

注：括弧中的数值是该放射性元素已知的半衰期最长的同位素的原子质量数。摘自：2005 年 IUPAC 元素周期表（IUPAC）。

附录二　化合物的相对分子质量

Ag_3AsO_4	462.53	CaO	56.08
$AgBr$	187.77	$Ca(OH)_2$	74.10
$AgCl$	143.35	$Ca_3(PO_4)_2$	310.18
$AgCN$	133.91	$CaSO_4$	136.15
Ag_2CrO_4	331.73	$CdCO_3$	172.41
AgI	234.77	$CdCl_2$	183.33
$AgNO_3$	169.88	CdS	144.47
$AgSCN$	165.96	$Ce(SO_4)_2$	332.24
$Al(C_9H_6NO)_3$	459.44	$Ce(SO_4)_2 \cdot 4H_2O$	404.30
$AlCl_3$	133.33	$CoCl_2$	129.84
$AlCl_3 \cdot 6H_2O$	241.43	$CoCl_2 \cdot 6H_2O$	237.93
$Al(NO_3)_3$	213.01	$Co(NO_3)_2$	182.94
$Al(NO_3)_3 \cdot 9H_2O$	375.19	$Co(NO_3)_2 \cdot 6H_2O$	291.03
Al_2O_3	101.96	CoS	90.99
$Al(OH)_3$	78.00	$CoSO_4$	154.99
$Al_2(SO_4)_3$	342.17	$CoSO_4 \cdot 7H_2O$	281.10
$Al_2(SO_4)_3 \cdot 18H_2O$	666.46	$CrCl_3$	58.36
As_2O_3	197.84	$CrCl_3 \cdot 6H_2O$	266.45
As_2O_5	229.84	$Cr(NO_3)_3$	238.01
As_2S_3	246.05	Cr_2O_3	151.99
$BaCO_3$	197.31	$CuCl$	99.00
BaC_2O_4	225.32	$CuCl_2$	134.45
$BaCl_2$	208.24	$CuCl_2 \cdot 2H_2O$	170.48
$BaCl_2 \cdot 2H_2O$	244.24	CuI	190.45
$BaCrO_4$	253.32	$Cu(NO_3)_2$	187.56
BaO	153.33	$Cu(NO_3)_2 \cdot 3H_2O$	241.60
$Ba(OH)_2$	171.32	CuO	79.55
$BaSO_4$	233.37	Cu_2O	143.09
$BiCl_3$	315.33	CuS	95.62
$BiOCl$	260.43	$CuSCN$	121.62
CH_3COOH	60.05	$CuSO_4$	159.62
CH_3COOHN_4	77.08	$CuSO_4 \cdot 5H_2O$	249.68
CH_3COONa	82.03	$FeCl_2$	126.75
$CH_3COONa \cdot 3H_2O$	136.08	$FeCl_2 \cdot 4H_2O$	198.81
CO_2	44.01	$FeCl_3$	162.21

续表

$CO(NH_2)_2$	60.06	$FeCl_3 \cdot 6H_2O$	270.30
$CaCO_3$	100.09	$FeNH_4(SO_4)_4 \cdot 12H_2O$	482.22
CaC_2O_4	128.10	$Fe(NO_3)_3$	241.86
$CaCl_2$	110.99	$Fe(NO_3)_3 \cdot 9H_2O$	404.01
$CaCl_2 \cdot 6H_2O$	219.09	FeO	71.85
$Ca(NO_3)_2 \cdot 4H_2O$	236.16	Fe_2O_3	159.69
Fe_3O_4	231.55	KBr	119.00
$Fe(OH)_3$	106.87	$KBrO_3$	167.00
FeS	87.92	KCN	65.12
Fe_2S_3	207.91	K_2CO_3	138.21
$FeSO_4$	151.91	KCl	74.55
$FeSO_4 \cdot 7H_2O$	278.03	$KClO_3$	122.55
$FeSO_4 \cdot (NH_4)_2SO_4 \cdot 6H_2O$	392.17	$KClO_4$	138.55
H_3AsO_3	125.94	K_2CrO_4	194.19
H_3AsO_4	141.94	$K_2Cr_2O_7$	294.18
H_3BO_3	61.83	$K_3Fe(CN)_6$	329.25
HBr	80.91	$K_4Fe(CN)_6$	368.35
HCN	27.03	$KFe(SO_7)_2 \cdot 12H_2O$	503.23
$HCOOH$	46.03	$KHC_2O_4 \cdot 12H_2O$	146.15
CH_3COOH	60.052	$KHC_2O_4 \cdot H_2C_2O_4 \cdot 2H_2O$	254.19
H_2CO_3	62.03	$KHC_4H_4O_6$	188.18
$H_2C_2O_4$	90.04	$KHC_8H_4O_4$	204.22
$H_2C_2O_4 \cdot 2H_2O$	126.07	$KHSO_4$	136.18
HCl	36.46	KI	166.00
HF	20.01	KIO_3	214.00
HI	127.91	$KIO_3 \cdot HIO_3$	389.91
HIO_3	175.91	$KMnO_4$	158.03
HNO_2	47.02	KNO_2	85.10
HNO_3	63.02	KNO_3	101.10
H_2O	18.02	$KNaC_4H_4O_6 \cdot 4H_2O$	282.22
H_2O_2	34.02	K_2O	94.20
H_3PO_4	97.99	KOH	56.11
H_2S	34.08	K_2PtCl_6	485.99
H_2SO_3	82.09	$KSCN$	97.18
H_2SO_4	98.09	K_2SO_4	174.27
$Hg(CN)_2$	252.63	$MgCO_3$	84.32
$HgCl_2$	271.50	MgC_2O_4	112.33

Hg_2Cl_2	472.09	$MgCl_2$	95.22
HgI_2	454.40	$MgCl_2 \cdot 6H_2O$	203.31
$Hg(NO_3)_2$	324.60	$MgNH_4PO_4$	137.32
$Hg_2(NO_3)_2$	525.19	$Mg(NO_3)_2 \cdot 6H_2O$	256.43
$Hg_2(NO_3)_2 \cdot 2H_2O$	561.22	MgO	40.31
HgO	216.59	$Mg(OH)_2$	58.33
HgS	232.65	$Mg_2P_2O_7$	222.55
$HgSO_4$	296.67	$MgSO_4 \cdot 7H_2O$	246.49
Hg_2SO_4	497.27	$MnCO_3$	114.95
$KAl(SO_4)_2 \cdot 12H_2O$	474.41	$MnCl_2 \cdot 4H_2O$	197.91
$Mn(NO_3)_2 \cdot 6H_2O$	287.06	Na_2S	78.05
MnO	70.94	$Na_2S \cdot 9H_2O$	240.19
MnO_2	86.94	$NaSCN$	81.08
MnS	87.01	Na_2SO_3	126.05
$MnSO_4$	151.01	Na_2SO_4	142.05
$MnSO_4 \cdot 4H_2O$	223.06	$Na_2S_2O_3$	158.12
NH_3	17.03	$Na_2S_2O_3 \cdot 5H_2O$	248.20
$(NH_4)_2CO_3$	96.09	$NiCl_2 \cdot 6H_2O$	237.69
$(NH_4)_2C_2O_2$	124.10	$Ni(NO_3)_2 \cdot 6H_2O$	290.79
$(NH_4)_2C_2O_2 \cdot H_2O$	142.12	NiO	74.69
NH_4Cl	53.49	NiS	90.76
NH_4HCO_3	79.06	$NiSO_4 \cdot 7H_2O$	280.87
$(NH_4)_2HPO_4$	132.06	P_2O_5	141.94
$(NH_4)_2MoO_4$	196.01	$Pb(CH_3COO)_2$	325.29
NH_4NO_3	80.04	$Pb(CH_3COO)_2 \cdot 3H_2O$	379.34
$(NH_4)_3PO_4 \cdot 12MoO_3$	1876.35	$PbCO_3$	267.21
$(NH_4)_2S$	68.15	PbC_2O_4	295.22
$NH_4 \cdot SCN$	76.13	$PbCl_2$	278.11
$(NH_4)_2SO_4$	132.15	$PbCrO_4$	323.19
NH_4VO_3	116.98	PbI_2	461.01
NO	30.01	$Pb(NO_3)_2$	331.21
NO_2	46.01	PbO	223.20
Na_3AsO_3	191.89	PbO_2	239.20
$Na_2B_4O_7$	201.22	Pb_3O_4	685.60
$Na_2B_4O_7 \cdot 10H_2O$	381.42	$Pb_3(PO_4)_2$	811.54
$NaBiO_3$	279.97	PbS	239.27
$NaCN$	49.01	$PbSO_4$	303.27

Na_2CO_3	105.99	SO_2	64.07
$Na_2CO_3 \cdot 10H_2O$	286.19	SO_3	80.07
$Na_2C_2O_4$	134.00	$SbCl_3$	228.15
$NaCl$	58.41	$SbCl_5$	299.05
$NaClO$	74.44	Sb_2O_3	291.60
$NaHCO_3$	84.01	Sb_2S_3	339.81
Na_2HPO_4	141.96	SiF_4	104.08
$Na_2HPO_4 \cdot 12H_2O$	358.14	SiO_2	60.08
$NaHSO_4$	120.07	$SnCl_2$	189.60
$Na_2H_2Y \cdot 2H_2O$	272.24	$SnCl_2 \cdot 2H_2O$	225.63
$NaNO_2$	69.00	$SnCl_4$	260.50
$NaNO_3$	85.00	$SnCl_4 \cdot 5H_2O$	350.58
Na_2O	61.98	SnO_2	150.71
Na_2O_2	77.98	SnS	150.77
$NaOH$	40.00	$SrCO_3$	147.63
Na_3PO_4	163.94	SrC_2O_4	175.64
$SrCrO_4$	203.62	$ZnCO_3$	125.39
$Sr(NO_3)_2$	211.64	ZnC_2O_4	153.40
$Sr(NO_3)_2 \cdot 4H_2O$	283.69	$ZnCl_2$	136.29
$SrSO_4$	183.68	$Zn(NO_3)_2$	189.39
$TlCl$	239.84	$Zn(NO_3)_2 \cdot 6H_2O$	297.51
U_3O_8	842.08	ZnO	81.38
$UO_2(CH_3COO)_2 \cdot 2H_2O$	424.15	ZnS	97.46
$(UO_2)_2P_2O_7$	714.00	$ZnSO_4$	161.46
$Zn(CH_3COO)_2$	183.43	$ZnSO_4 \cdot 7H_2O$	287.57
$Zn(CH_3COO)_2 \cdot 2H_2O$	219.50		

摘自：邓湘舟．现代分析化学实验 [M]．北京：化学工业出版社，2013。

附录三　国际单位制（SI）及常用单位

（1）SI 基本单位

量		单位	
名称	符号	名称	符号
长度	l	米	m
质量	m	千克（公斤）	kg
时间	t	秒	s

续表

量		单位	
名称	符号	名称	符号
电流	I	安［培］	A
热力学温度	T	开［尔文］	K
物质的量	n	摩［尔］	mol
发光强度	I_V	坎［德拉］	cd

注：1. 圆括号中的名称是它前面的名称的同义词（下同）。

2. 无方括号的量的名称与单位名称均为全称方括号中的字，在不致引起混淆误解的情况下可以省略去掉方括号中的字即为其名称的简称（下同）。

3. 本标准所称的符号除特殊指明外均指我国法定计量单位中所规定的符号以及国际符号（下同）。

4. 人民生活和贸易中质量习惯称为重量。

（2）包括 SI 辅助单位在内的具有专门名称的 SI 导出单位

量的名称	SI 导出单位		
	名称	符号	用 SI 基本单位和 SI 导出单位表示
频率	赫［兹］	Hz	$1Hz = s^{-1}$
压力，压强，应力	帕［斯卡］	Pa	$1Pa = N \cdot m^{-2}$
能［量］，功，热量	焦［耳］	J	$1J = 1N \cdot m$
功率，辐［射能］通量	瓦［特］	W	$1W = 1J \cdot s^{-1}$
电荷［量］	库［仑］	C	$1C = 1A \cdot s$
电压，电动势，电位，（电势）	伏［特］	V	$1V = 1W \cdot A^{-1}$
电容	法［拉］	F	$1F = 1C \cdot V^{-1}$
电阻	欧［姆］	Ω	$1\Omega = 1V \cdot A^{-1}$
电导	西［门子］	S	$1S = 1\Omega^{-1}$
磁通［量］	韦［伯］	Wb	$1Wb = 1V \cdot s$
磁通［量］密度，磁感应强度	特［斯拉］	T	$1T = 1Wb \cdot m^{-2}$
电感	亨［利］	H	$1H = 1Wb \cdot A^{-1}$
摄氏温度	摄氏度	℃	$1℃ = 1K$
光通量	流［明］	lm	$1lm = 1cd \cdot sr$
［光］照度	勒［克斯］	lx	$1lx = 1lm \cdot m^{-2}$

（3）SI 词头

因数	词头名称		符号	因数	词头名称		符号
	英文	中文			英文	中文	
10^{24}	Yotta	尧［它］	Y	10^{-1}	Deci	分	d
10^{21}	Zetta	泽［它］	Z	10^{-2}	Centi	厘	e
10^{18}	Exa	艾［可萨］	E	10^{-3}	Milli	毫	m
10^{15}	Peta	拍［它］	P	10^{-6}	Micro	微	μ

因数	词头名称		符号	因数	词头名称		符号
	英文	中文			英文	中文	
10^{12}	Tera	太［拉］	T	10^{-9}	Nano	纳［诺］	n
10^{9}	Giga	吉［咖］	G	10^{-12}	Pico	皮［可］	p
10^{6}	Mega	兆	M	10^{-15}	Femto	飞［母托］	f
10^{3}	Kilo	千	k	10^{-18}	Atto	阿［托］	a
10^{2}	Hector	百	h	10^{-21}	Zepto	仄［普托］	z
10^{1}	Deca	十	da	10^{-24}	Yocto	幺［科托］	y

注：摘自中华人民共和国国家标准"国际单位制及其应用"，GB3100－93。

附录四　20℃时常用酸、碱物质的量浓度、质量分数和密度

名称	基本单元	物质的量浓度（mol/L）	100g 溶液中含基本单元（g）	密度（g/ml）
浓硫酸	H_2SO_4	18.4	98	1.84
浓硝酸	HNO_3	16	69.8	1.42
盐酸	HCl	10.2	32	1.16
盐酸	HCl	10.9	34	1.17
盐酸	HCl	11.6	36	1.18
盐酸	HCl	12.4	38	1.19
盐酸	HCl	13.1	40	1.20
冰醋酸	CH_3COOH	17.4	99.5	1.05
高氯酸	$HClO_4$	12.7	70	1.77
氢氟酸	HF	27	47	1.15
磷酸	H_3PO_4	14.75	85.5	1.69
浓氨水	NH_3	15	26	0.90
氢氧化钠	NaOH	8.0	25.1	1.28
氢氧化钠	NaOH	10.0	30.2	1.33
氢氧化钾	KOH	6.94	30.0	1.29
氢氧化钾	KOH	8.34	34.9	1.34

附录五　25℃时标准电极电势

电极	反应式	$\varphi^{\ominus}$（V，25℃）
Li^+，Li	$Li^+ + e^- \rightleftharpoons Li$	−3.045
K^+，K	$K^+ + e^- \rightleftharpoons K$	−2.924

续表

电极	反应式	$\varphi^{\ominus}$ (V, 25℃)
Na^+, Na	$Na^+ + e^- \rightleftharpoons Na$	-2.7109
Ca^{2+}, Ca	$Ca^{2+} + 2e^- \rightleftharpoons Ca$	-2.86
Zn^{2+}, Zn	$Zn^{2+} + 2e^- \rightleftharpoons Zn$	-0.7628
Fe^{2+}, Fe	$Fe^{2+} + 2e^- \rightleftharpoons Fe$	-0.4402
$Fe(OH)_2$, Fe	$Fe(OH)_2 + 2e^- \rightleftharpoons Fe + 2OH^-$	-0.877
(Fe^{2+}, Fe^{3+}) Pt(1mol $HClO_4$)	$Fe^{3+} + e^- \rightleftharpoons Fe^{2+}$	$+0.747$
$Fe(OH)^{3+}$, $Fe(OH)^{2+}$	$Fe(OH)^{3+} + e^- \rightleftharpoons Fe(OH)^{2+} + OH^-$	-0.56
Cd^{2+}, Cd	$Cd^{2+} + 2e^- \rightleftharpoons Cd$	-0.4026
Co^{2+}, Co	$Co^{2+} + 2e^- \rightleftharpoons Co$	-0.277
Ni^{2+}, Ni	$Ni^{2+} + 2e^- \rightleftharpoons Ni$	-0.25
Sn^{2+}, Sn	$Sn^{2+} + 2e^- \rightleftharpoons Sn$	-0.1364
Sn^{4+}, Sn^{2+}	$Sn^{4+} + 2e^- \rightleftharpoons Sn^{2+}$	$+0.15$
Pb^{2+}, Pb	$Pb^{2+} + 2e^- \rightleftharpoons Pb$	-0.1263
PbO_2, $PbSO_4$	$PbO_2 + SO_4^{2-} + 4H^+ + 2e^- \rightleftharpoons PbSO_4 + 2H_2O$	1.685
H^+, H_2	$2H^+ + 2e^- \rightleftharpoons H_2$	0.00
O_2, OH^-	$O_2 + H_2O + 4e^- \rightleftharpoons 4OH^-$	$+0.401$
Cu^+, Cu	$Cu^+ + e^- \rightleftharpoons Cu$	$+0.521$
Cu^{2+}, Cu	$Cu^{2+} + 2e^- \rightleftharpoons Cu$	$+0.3402$
Cu^{2+}, Cu^+	$Cu^{2+} + e^- \rightleftharpoons Cu^+$	$+0.153$
(I^-, I_2) Pt	$I_2 + 2e^- \rightleftharpoons 2I^-$	$+0.535$
Ag^+, Ag	$Ag^+ + e^- \rightleftharpoons Ag$	$+0.7996$
Br^-, Br_2	$Br_2 + 2e^- \rightleftharpoons 2Br^-$ （水溶液）	$+1.087$
Cl^-, Cl_2	$Cl_2 + 2e^- \rightleftharpoons 2Cl^-$	$+1.3583$
Ce^{4+}, Ce^{3+}	$Ce^{4+} + e^- \rightleftharpoons Ce^{3+}$	$+1.443$

附录六　常用参比电极在25℃时的电极电势及温度系数

名称	体系	E^* (V)	(dE/dT)(mV/K)
氢电极	Pt, H_2 ｜ H^+ (α_{H^+} = 1)	0.0000	—
饱和甘汞电极	Hg, Hg_2Cl_2 ｜ 饱和 KCl	0.2415	-0.761
标准甘汞电极	Hg, Hg_2Cl_2 ｜ 1mol/L KCl	0.2800	-0.275
甘汞电极	Hg, Hg_2Cl_2 ｜ 0.1mol/L KCl	0.3337	-0.875
银 – 氯化银电极	Ag, AgCl ｜ 0.1mol/L KCl	0.290	-0.3
氧化汞电极	Hg, HgO ｜ 0.1mol/L KOH	0.165	—
硫酸亚汞电极	Hg, Hg_2SO_4 ｜ 10.1mol/L H_2SO_4	0.6758	—
硫酸铜电极	Cu ｜ 饱和 $CuSO_4$	0.316	-0.7

*25℃，相对于标准氢电极（NCE）。

附录七　主要基团的红外特征吸收频率

化合物	基团	振动类型	频率（cm^{-1}）	波长（μm）	强度
烷烃类	—CH$_3$	C—H 伸	3962 ± 10	3.37	S
		C—H 伸	2872 ± 10	3.48	S
		C—H 弯	1450 ± 20	6.89	M
		C—H 弯	1375 ± 10	7.25	S
	—CH$_2$—	C—H 伸	2926 ± 5	3.42	S
		C—H 伸	2853 ± 5	3.51	S
		C—H 弯	1465 ± 20	6.83	M
	—C(CH$_3$)$_3$	C—H 弯	1395 ~ 1385	7.16 ~ 7.22	M
		C—H 弯	1365 ± 5	7.33	S
		C—H 伸	1250 ± 5	8.00	
		C—H 伸	1250 ~ 1200	8.00 ~ 8.33	
	—C(CH$_3$)$_2$—	C—H 弯	1385 ± 5	7.22	S
		C—H 弯	1370 ± 5	7.30	S
		C—H 伸	1170 ± 5	8.55	
		C—H 伸	1170 ~ 1140	8.55 ~ 8.77	
	—C(CH$_3$)$_n$—	C—C 伸（n = 4）	750 ~ 720	13.33 ~ 13.88	
烯烃	C＝C C＝C（共轭）	C＝C 伸 C＝C 伸	1680 ~ 1620 ~ 1600	5.95 ~ 6.17 6.25	变 S
	—CH＝CH—	C—H 伸 C—H 弯	3040 ~ 3010 970 ~ 960	3.29 ~ 3.32 10.30 ~ 10.42	M S
炔烃	R—C≡CH	C≡C 伸	2140 ~ 2100	4.67 ~ 4.76	M
	R—C≡C—R′	C≡C 伸	2260 ~ 2190	4.47 ~ 4.57	M
	—C≡C—（共轭）	C≡C 伸	2260 ~ 2235	4.42 ~ 4.47	S
	R—C≡C—H	C—H 伸 C—H 弯	3320 ~ 3310 680 ~ 610	3.01 ~ 3.02 14.71 ~ 16.39	M M
芳烃	⬡	C—H 伸 C—C 伸 C—H 弯	3070 ~ 3030 1600 ~ 1450 900 ~ 695	3.25 ~ 3.30 6.25 ~ 6.89 11.11 ~ 14.39	S M S

续表

化合物	基团	振动类型	频率（cm⁻¹）	波长（μm）	强度
	OH（二聚）	O—H 伸	3350～3450	2.82～2.90	变
	（多聚）	O—H 伸	3400～3200	2.94～3.13	S
醇类	伯醇	O—H 伸	3643～3630	2.74～2.75	S
		C—O 伸	1075～1000	9.30～10.00	S
		O—H 弯	1350～1260	7.41～7.93	S
	仲醇	O—H 伸	3635～3620	2.75～2.76	S
		C—O 伸	1120～1030	8.93～9.71	S
		O—H 弯	1350～1260	7.41～7.93	S
	叔醇	O—H 伸	3620～3600	2.76～2.78	S
		C—O 伸	1170～1100	8.55～9.09	S
		O—H 弯	1410～1310	7.09～7.63	M
酚类	Ar—OH	O—H 伸	3612～3593	2.77～2.78	S
		C—O 伸	1230～1140	8.13～8.77	S
		O—H 弯	1410～1310	7.09～7.63	M
醚类	R—O—R′	C—C 伸	1270～1010	7.87～9.90	S
	脂链醚	C—O—C 伸	1225～1060	8.16～9.43	S
	脂环醚	C—O—C 伸	1100～1030	9.09～9.71	S
	芳醚（氧与芳环相连）	=C—O—C 伸	980～900	10.20～11.11	S
			1270～1230	7.87～8.13	S
			1050～1000	9.52～10.00	M
胺	伯胺	N—H 伸	3398～3381	2.92～2.96	W
		N—H 伸	3344～3324	2.99～3.01	W
		C—N 伸	1079±11	9.27	M
		N—H 伸（氢键）	3400～3100	2.94～3.23	S
		N—H 弯	1650～1590	6.06～6.29	S
		N—H 弯	900～650	11.11～15.38	W
	仲胺	N—H 伸	3360～3310	2.76～3.02	W
		C—N 伸	1139±7	8.78	M
		N—H 弯	1650±1550	6.06～6.45	W
酮类	＞C＝O	C＝O 伸	1725～1705	6.00～5.87	S
	脂酮（饱和链状酮）	C＝O 伸	1725～1705	5.80～5.86	S
			1690～1675	5.92～5.97	S
	脂酮（α，β-不饱和酮）	C＝O 伸	1640～1540	6.10～6.49	S
		C＝O 伸	1700～1630	5.88～6.14	S
	芳酮	C＝O 伸	1690～1680	5.92～5.95	S
醛类	R—C—H（O）	C＝O 伸	1745～1730	5.73～5.78	S
		C—H 伸	2900～2700	3.45～3.70	W
		C—H 弯	1440～1325	6.94～7.55	S

续表

化合物	基团	振动类型	频率（cm⁻¹）	波长（μm）	强度
羧酸	R—C(=O)—OH	C＝O 伸	1725～1700	5.80～5.88	S
		C＝O 伸（芳酸）	1700～1680	5.88～5.95	S
		O—H（二聚体）	2700～2500	3.70～4.00	W
		O—H 伸（单体）	3560～3500	2.81～2.86	M
		C—O 伸	1440～1395	6.94～7.19	W
		O—H 弯	1320～1211	7.58～8.26	S
酸酐	链酸酐 —C(=O)—C(=O)—	C＝O 伸	1850～1800	5.41～5.56	S
		C＝O 伸	1780～1740	5.62～5.75	S
		C—O 伸	1170～1050	8.55～9.52	S
	环酸酐（五元环）	C＝O 伸	1870～1820	5.35～5.49	S
		C＝O 伸	1800～1750	5.56～5.71	S
		C—O 伸	1300～1200	7.69～8.33	S
酯	—C(=O)—O—R	C＝O 伸	1750～1730	5.71～5.78	S
		C—O—C 伸	1300～1000	7.69～10.00	S
酰卤	—C(=O)—X	C＝O 伸	1810～1970	5.53～5.59	S
酰胺类	伯酰胺	C＝O 伸	1890～1650	5.92～6.06	S
		N—H 伸	～3520	2.84	M
		N—H 伸	3410	2.93	M
		C—N 伸	1420～1405	7.04～7.12	M
	仲酰胺	C＝O 伸	1680～1630	5.95～6.13	S
		N—H 伸	～3440	2.91	S
		N—H 伸	1570～1530	6.37～6.54	S
		C—N 伸	1300～1260	7.69～7.94	M
	叔酰胺	C＝O 伸	1670～1630	5.99～6.13	S
氰类化合物	—C≡N	C≡N 伸	2260～2215	4.43～4.52	S
硝基化合物	C—NO₂（脂肪族）	N—O 伸	1554±6	6.44	VS
		N—O 伸	1382±6	7.24	VS
	C—NO₂（芳香族）	N—O 伸	1555～1487	6.43～6.72	S
		N—O 伸	1357～1348	7.37～7.59	S
		C—N 伸	875～830	11.42～12.01	M
	O—N＝O	—N＝O 伸	1640～1620	6.10～6.17	S
		—N＝O 伸	1285～1270	7.78～7.87	S
吡啶类		CH	3030		W
		C＝C	1667～1430		M
		C＝N	1175～1000		W
			910～665		S

化合物	基团	振动类型	频率（cm^{-1}）	波长（μm）	强度
嘧啶类	（环结构图）	CH	3060~3010		W
		C＝C	1580~1520		M
		C＝N	1000~960		M
			825~775		M
有机卤化物	C—F	C—F 伸	1100~1000	9.09~10.00	
	C—Cl	C—Cl 伸	830~500	12.04~20.00	
	C—Br	C—Br 伸	600~500	16.67~20.00	S
	C—I	C—I 伸	600~465	16.67~21.50	S
其他有机化合物	—C—S—H	S—H 伸	2950~2500	3.38~3.90	W
		C—S 伸	700~590	14.28~16.95	W
	C＝S	C＝S 伸	1270~1245	7.87~8.03	S
	C—Si—H	Si—H 伸	2280~2050	4.39~4.88	VS
		Si—H 弯	890~860	11.24~11.63	
	C—P—H	P—H 伸	2475~2270	4.04~4.40	M
		P—H 弯	1250~950	8.00~10.53	S
无机化合物	CO$_3^{2-}$	C—O 伸	1490~1410	6.71~7.09	VS
		C—O 弯	880~860	11.36~12.50	M
	SO$_4^{2-}$	S—O 伸	1130~1080	8.85~9.62	VS
		S—O 弯	680~610	14.71~16.40	M
机化合物	NO$_2^-$	N—O 伸	1250~1230	8.00~8.13	S
		N—O 伸	1360~1340	7.35~7.46	S
		N—O 弯	840~800	11.90~12.50	W
	NO$_3^-$	N—O 伸	1380~1350	7.25~7.41	VS
		N—O 弯	840~815	11.90~12.26	M
	NH$_4^+$	N—H 伸	3300~3030	3.03~3.33	VS
		N—H 弯	1485~1390	6.73~7.19	S
	PO$_4^{3-}$、HPO$_4^{2-}$、H$_2$PO$_4^-$	P—O 伸	1100~1000	9.09~10.00	S
	ClO$_3^-$	Cl—O 伸	980~930	10.20~10.75	VS
	ClO$_4^-$	Cl—O 伸	1140~1060	8.77~9.43	VS
	Cr$_2$O$_7^{2-}$	Cr—O 伸	950~900	10.35~11.11	S
	CN$^-$、CNO$^-$、CNS$^-$	C—N 伸	2200~2000	4.55~5.00	S

参考文献

[1] 符小文，李泽友. 药学专业实验教程 [M]. 北京：中国医药科技出版社，2014.

[2] 蔡明招，刘建宇. 分析化学实验 [M]. 北京：化学工业出版社，2010：134-136.

[3] 谷春秀. 化学分析与仪器分析实验 [M]. 北京：化学工业出版社，2012：276-287.

[4] 金惠玉. 现代仪器分析 [M]. 哈尔滨：哈尔滨工业大学出版社，2012：185-187.

[5] 钮伟民. 乳及乳制品检测新技术 [M]. 北京：化学工业出版社，2012：95-97.

[6] 李志富，干宁，颜军. 仪器分析实验 [M]. 武汉：华中科技大学出版社，2012：189.

[7] 郭戎，史志祥. 分析化学实验 [M]. 北京：科学出版社，2013：184.

[8] 魏福祥. 仪器分析实验 [M]. 北京：中国石化出版社，2013：196-201.

[9] 钱晓荣，郁桂云. 仪器分析实验教程 [M]. 上海：华东理工大学出版社，2009：243.

[10] 柳仁民. 仪器分析实验 [M]. 青岛：中国海洋大学出版社，2013：125.

[11] 张晓丽. 仪器分析实验 [M]. 北京：化学工业出版社，2006：60.

[12] 赵怀清. 分析化学实验指导 [M]. 北京：人民卫生出版社，2011：106.

[13] 黄长江，赵珍. 域海产品中重金属残留及评价 [J]. 汕头大学学报，2007，22 (2)：32-34.

[14] 华丽，懿平，安兵，等. 微波辅助电感耦合等离子体光谱法进行 ROHS 限定的重金属检测 [J]. 光谱学与光谱分析，2008，28 (11)：1-6.

[15] 陈秀宇. 几种人体必需微量元素与人体健康 [J]. 福建师范大学福清分校学报，2006，73 (2)：94-96.

[16] 王苗. ATP 荧光微生物检测法在食品卫生监控领域中的应用与展望 [J]. 中国食品卫生杂志，2004，16 (3)：266.

[17] 连英姿，董雪，安静，等. ATP 生物发光技术快速检测水中细菌的研究 [J]. 中国卫生检验检疫杂志，2007，17 (10)：1860.

[18] 魏福祥. 仪器分析实验 [M]. 北京：中国石化出版社，2013：196-201.

[19] 韦寿莲，邓光辉，郑一宁. 复方维生素 B 片中主要成分的高效毛细管电泳电化学法检测 [J]. 分析测试学报，2002，21 (2)：32-35.

[20] 邓光辉，李济权，马少妹. 高效毛细管电泳电导法快速检测复方维生素 B 片中的 $V-B_1$、$V-B_{12}$、$V-B_6$ 和 $V-C$ [J]. 分析实验室，2003，22 (4)：53-55.

[21] 司雄元，檀华蓉，施婷婷，等. 高效毛细管电泳对复合维生素 B 药片中水溶性维生素含量的快速测定 [J]. 中国农学通报，2008，24 (6)：112-119.

［22］霍权恭. 毛细管气相色谱分析白酒中醇类与酯类，食品科学，2012，33（18）：243 –245.

［23］吴卫宇. 毛细管气相色谱法测定白酒中多种微量成分，酿酒科技，2011，5：108 –109.

［24］王爱丽. 关于条件电位的定义和应用［J］. 大学化学，1994，9（4）：55.

［25］汪正范，杨树民. 色谱联用技术［M］. 北京：化学工业出版社，2007：140 –148.

［26］黄沛力. 仪器分析实验［M］. 北京：人民卫生出版社，2015.

［27］王元兰. 仪器分析实验［M］. 北京：化学工业出版社，2015.